U0302015

上市环保核查企业自查手册

Corporate Self-examination Manuals
for Environmental Verification of Listed Companies

康　磊　董晓东　徐海红　主编

中国环境出版社·北京

图书在版编目（CIP）数据

上市环保核查企业自查手册/康磊，董晓东，徐海红
主编 —北京：中国环境出版社，2014.12
ISBN 978-7-5111-2122-6

Ⅰ．①上… Ⅱ．①康…②董…③徐… Ⅲ．①上市
公司—环境管理—中国—手册 Ⅳ．①X322.2-62②F279.246-62

中国版本图书馆 CIP 数据核字（2014）第 256397 号

出 版 人	王新程
责任编辑	董蓓蓓
责任校对	尹　芳
封面设计	彭　杉

出版发行　**中国环境出版社**
（100062　北京市东城区广渠门内大街 16 号）
网　　址：http://www.cesp.com.cn
电子邮箱：bjgl@cesp.com.cn
联系电话：010-67112765（编辑管理部）
发行热线：010-67125803，010-67113405（传真）
印　　刷　北京中科印刷有限公司
经　　销　各地新华书店
版　　次　2014 年 12 月第 1 版
印　　次　2014 年 12 月第 1 次印刷
开　　本　880×1230　1/32
印　　张　5.25
字　　数　128 千字
定　　价　20.00 元

《上市环保核查企业自查手册》

编 委 会

序

上市环保核查企业自查是首次申请上市并发行股票、申请再融资、资产重组或拟采取其他形式从资本市场融资的公司，就自身环境保护管理和环境保护守法行为的全面核查和环境保护信息的持续披露，并向环保主管部门提出核查申请；环保主管部门对企业报送的材料及现场运行情况进行复核、审查和后续监管。

以上市环保核查的手段，可以限制不满足相关环境要求的公司进入资本市场，降低因环境问题带来的金融影响。同时，通过上市环保核查，可迫使企业投入资金整改环保问题，以解决企业环保遗留问题，倒逼企业下决心填补环保欠账，符合保护人民群众健康和利益这一环境保护根本出发点。

2001年至今的十余年来，上市环保核查工作逐步完善，规章制度不断健全，技术程序不断优化，核查内容不断深入。虽当前已有新闻传出环保部不再对上市环保核查进行行政审查，但上市环保核查的方式是企业完善自身环境行为的重要抓手之一。企业可参照该核查方式，解决环境问题，规避上市后的环境风险和隐患。

本书是编写组成员自身工作经验和具体项目所遇问题的汇总，主要针对企业如何开展上市环保核查、环保核查的内容和深度以及典型问题的解决方法，以通俗易懂的阐述形式，进行深入浅出的介绍，为企业和核查机构提供借鉴和参考。

编　者

2014 年 9 月

目　录

1

上市环保核查目的和作用

　　上市环保核查是环境保护部为规范和促进改善申请上市的公司和申请再融资的上市公司的环境行为、避免因环境污染问题对投资者带来投资风险的一项环境保护管理程序。

　　自 2001 年以来，环境保护部开展了重污染行业上市公司的环保核查工作，对于促进重污染行业上市公司遵守国家环保法律法规、降低因环境污染带来的投资风险发挥了积极作用。

　　从环境保护行政管理部门的角度来讲，通过上市环保核查这一手段，规范上市企业环境行为，督促企业严格遵守环保法律、法规、政策、标准及规范，促进企业建立、健全及完善环境管理制度，从而降低因环境污染带来的投资风险。

　　从上市企业的角度来讲，通过上市环保核查这一方法，发现自身的不足，找出自身的环保问题，完善自身的环境行为，提高企业的环保形象，从而降低因环境污染带来的融资问题。

　　通过对上面两个不同角度进行比较，我们不难看出，上市环保核查的主要作用可概括为：进一步规范企业环境行为，降低因环保问题所带来的投融资风险。从目标上讲，环境保护行政管理部门和企业所要达到的目的是相近的，方向是一致的。企业更应重视上市环保核查这项工作，使之切实发挥其应有的作用，达到应得的效果，而非仅仅编制一本报告应付了事。

2

上市环保核查基本情况的确定

2.1 核查类别的确定

按照当前现行的上市环保核查的管理要求，上市环保核查可分为首次环保核查申请和再次环保核查申请两类。这两个类别，在环保核查内容及核查深度上的要求存在很大不同。所以，企业在开展上市环保核查工作前，搞清自己的核查属于哪一类别是至关重要的。

这两个环保核查类别的适用范围如下：

首次环保核查申请：适用于首次上市并发行股票的公司、实施重大资产重组的上市公司和未经过上市环保核查需再融资的上市公司。

再次环保核查申请：适用于已经过上市环保核查本次申请再融资的上市公司、获得上市环保核查意见后一年内再次申请上市环保核查的公司。

2.2 核查范围的确定

按照国家的相关要求，现阶段需纳入核查范围的企业为：拟首次申请上市并发行股票的公司或拟申请再融资、增资扩股、资产重组的上市公司，在本次上市合并报表范围内，所有分公司、全资子公司和控股子公司中从事重污染行业生产的企业，以及募集资金用于收购或投向属于重污染行业的生产企业。

当前国家规定的重污染行业暂定为：火电、钢铁、水泥、电解铝、冶金、化工、石化、煤炭、建材、造纸、酿造、制药、发酵、纺织、制革及采矿业。具体环保核查重污染行业分类可参见《关于印发〈上市公司环保核查行业分类管理名录〉的通知》（环办函[2008]373 号）（见附录 7）。

此外，部分省市在国家规定的核查范围基础上，根据各省市自身情况，分别制定了各自的核查范围要求。

2.3 核查级别的确定

按照现行文件要求，由环境保护部向中国证券监督管理委员会出具核查意见的公司包括：从事火电、钢铁、水泥及电解铝 4 个行业的公司，以及跨省（自治区、直辖市）从事冶金、化工、石化、煤炭、建材、造纸、酿造、制药、发酵、纺织、制革及采矿业 12 个行业的公司。

由省级环境保护行政主管部门向中国证券监督管理委员会出具核查意见的公司包括：非跨省（自治区、直辖市）从事上述重污染行业（火电、钢铁、水泥及电解铝行业除外）的公司，以及涉及重金属排放的电池（包括含铅蓄电池）、印刷电路板行业的公司。

不在上述规定范畴的公司，其具体核查级别依照拟首次申请上市或拟申请再融资的母公司所在辖区的地方规定确定。

2.4 核查时段的确定

上市环保核查时段的确定应以申请上市环保核查企业确定的核

查基准日为基础，向前回溯连续 36 个月。根据核查类别的不同，具体的核查时段确定方法如下：

首次申请环保核查的：本次上市环保核查所确定的核查基准日前连续 36 个月。

再次申请环保核查的：本次上市环保核查所确定的核查基准日接续上一次环保核查基准日的时段范围，如果该时段范围超过 36 个月，按 36 个月来确定。

上市环保核查基准日确定的要求为：拟申请上市环保核查的公司，可自行设定上市环保核查基准日，但该核查基准日与上报环境保护行政主管部门最终时间（以受理日期计）不可超过 6 个月。

例如：一个需由环境保护部向中国证券监督管理委员会出具核查意见的集团公司，其自行设定的上市环保核查基准日为 2013 年 6 月 30 日，那么该集团公司的上市环保核查申请文件应在 2013 年 12 月 31 日前正式上报环境保护部并可获受理。

注意：若拟申请上市环保核查的集团公司，其核查范围内的公司涉及多个省（自治区、直辖市）的，其上市环保核查基准日应保持一致、统一。

3

上市环保核查的红线问题

按照当前国家的现行规定，上市环保核查的红线问题分为不予受理申请和退回申请暂缓受理两个类型。

3.1 不予受理申请的红线问题

对于申请上市环保核查的公司，其核查范围内全部企业，在截止上市环保核查基准日的前 1 年内，存在以下环境违法行为之一的，负责核查的环境保护行政主管部门不受理其上市环保核查申请：

① 发生过重大或特大突发环境事件。

② 未完成主要污染物总量减排任务。

③ 被责令限期治理、限产限排或停产整治。

④ 受到环境保护部或省级环保部门处罚。

⑤ 受到环保部门 10 万元以上罚款等。

3.2 退回申请暂缓受理的红线问题

对于申请上市环保核查的公司，其核查范围内全部企业，在环境保护行政主管部门核查过程中，仍存在以下违法情形之一且尚未得到改正的，环境保护行政主管部门应退回其核查申请材料，并在 6 个月内不再受理其上市环保核查申请：

①违反环境影响评价审批和"三同时"验收制度。

②违反饮用水水源保护区制度有关规定。

③存在重大环境安全隐患。

④未完成因重金属、危险化学品、危险废物污染或因引发群体性环境事件而必须实施的搬迁任务。

3.3　涉及红线问题的注意事项

若拟申请上市环保核查的公司存在上述红线问题，则有以下几点注意事项：

1）存在"不予受理申请红线问题"的公司，其上市环保核查基准日应设定在发生该类问题的 1 年期限之后，且所发生的问题应得到有效解决。

2）存在"退回申请暂缓受理红线问题"的公司，应在上报上市环保核查申请前，完成如下整改内容：

①存在违反环境影响评价审批和"三同时"验收制度的，应对违法项目补办环境影响评价手续和竣工环保验收手续，并取得相应项目的环评批复和竣工环保验收批复；这里应格外注意将于 2015 年 1 月 1 日执行的新修订的《中华人民共和国环境保护法》，新法中已取消了补办环评手续的说法，即不再允许"先上车后补票"的行为。

②存在违反饮用水水源保护区制度有关规定的，应依照规定的要求完成整改，并得到有效落实。

③存在重大环境安全隐患的，应通过建立健全风险防范措施、工程防治措施或原辅材料替代等方式，确保消除重大环境安全隐患或降低环境风险隐患。

④存在未完成因重金属、危险化学品、危险废物污染或因引发群体性环境事件而必须实施的搬迁任务的，应必须完成搬迁任务，而非承诺。

4

开展上市环保核查

    由于在上市环保核查工作的过程中，存在环境问题的公司需要完善其自身环境行为，乃至进行必要的工程整改工作，这可能需耗费较长的时间。建议拟申请上市环保核查的公司，尽可能提前开展上市环保核查工作。

    按照当前国家要求，拟申请上市环保核查的公司可自行核查并编制上市环保核查申请报告，也可委托第三方专业机构代为核查。

    本章将就上市环保核查工作的总体思路、行政审查流程及正式开展环保核查的总体技术思路三个方面进行阐述。

4.1　核查的工作思路

    通常情况下，拟上市公司或拟再融资公司在确定了财务审计合并报表企业范围及募集资金投向项目后，即可开展上市环保核查工作。

    开展上市环保核查工作的总体思路多种多样，以下仅是笔者依照自身工作经验总结的工作思路，可大致分为以下几个阶段：

    （1）确定本次上市环保核查的审查级别

    在企业确定本次上市或再融资范围后，按照本书 2.2 节的核查范围确定依据，找出属于从事重污染行业的企业，并将其纳入本次环保核查范围。待确定全部上市环保核查企业范围后，按照本书 2.3

节的核查级别确定依据，确定最终的环保核查级别。

此阶段是开展上市环保核查工作的基础，其决定着后期的上报流程以及报告的编制形式。当前，按照国家现行要求，上市环保核查的审查级别分为环保部主审和省级环保行政主管部门主审两大类。其基本的上报流程分别为：

① 环保部审查的项目：需就核查范围内企业的分布情况，编制各省环保核查申请报告分报告，并上报各省级环保行政主管部门，待取得各省级环保行政主管部门出具的初审意见后，编制环保核查申请报告总报告，并上报环保部。

② 省级审查的项目分为两种类型：一种为非跨省从事重污染行业的（火电、钢铁、水泥及电解铝行业除外），可直接编制环保核查申请报告，并上报省级环保行政主管部门；另一种为跨省从事非重污染行业的，需由负责主核查的省级环保行政主管部门，向需进行协查的省级环保行政主管部门出具公函，而后分别编制主审省之外的各省环保核查申请报告分报告，待取得全部协查省级环保行政主管部门对主审省级环保行政主管部门出具的协查意见后，编制主审省环保核查申请报告，并上报主审省级环保行政主管部门。

（2）初步确定本次上市环保核查的时段

在确定了核查级别后，可按照公司上市的总体计划，制定上市环保核查的时间表，并以此确定初步的上市环保核查基准日。而后，依照本书 2.4 节中核查时段的确定，确定初步的上市环保核查时段，以推动并正式开展上市环保核查工作。

在核查时段设定时注意两个"6 个月"。

第一个"6 个月"：上市环保核查的基准日（即截止日）与总报告上报最终环保行政主管部门的日期差（以受理日期计）不得超过 6个月。具体情况前文已经提及，在此不再赘述。

第二个"6 个月"：取得的最终环保行政主管部门出具上市环保

核查终审意见的日期（以终审意见落款时间为准），与所有上市申请材料上报证监会的日期差，一般情况下不得超过 6 个月。

（3）企业现状排查，找出现有环境问题

企业现状排查一般可分为三个层面，即文件层面、工程层面及信息层面。三个层面具体为：

① 文件层面：指收集并核查企业提供的生产信息、原辅材料消耗情况及产品产量情况等基本数据资料；各项目环评批复、验收批复，总量指标文件，总量减排文件等法律性文件；以及核查时段内的监测报告，一般固体废物和危险废物的处理处置协议及转移联单等合规资料。

② 工程层面：指对企业现场生产装置、公辅设施及环保装置进行工程排查。

③ 信息层面：指通过走访地方环保行政主管部门，询问企业职员和周边工作人员、生活人员，网络信息搜索等方式，调查企业是否存在违法、是否受过处罚、是否发生过环境污染事故等相关情况。

在实际工作过程中，调查企业是否存在上市环保核查红线问题，是进一步开展核查工作的基础。故建议先开展文件层面和信息层面的核查与调查，找出这两个层面存在的问题，对照红线问题，对企业自身情况进行定位。在排除或解决这两个层面存在的红线问题后，可正式开展企业现场排查，找出企业工程层面存在的问题。

（4）解决现有环境问题

通过上述核查及排查，将找出的全部现有环境问题进行梳理，逐一进行完善或整改。如：环保手续不完善的，应补办环保手续；工程或设施不满足标准要求或不规范的，应进行必要的工程整改。

在这个过程中，建议发现的问题不分大小，发现多少解决多少，这样不只是单单为了通过上市环保核查，而是为了完善企业自身的环境行为，规避企业因环保问题而导致的金融风险。

（5）重新确定本次上市环保核查的时段

对现有环境问题进行整改，企业往往都需要耗费较长时间。在整改方案和整改计划确定后，需依照整改完成的计划时间，对上市环保核查的基准日进行修订，而后重新确定本次上市环保核查的时段。

（6）完成上市环保核查申请报告，上报待审

在上市环保核查工作进行中，应将核查的具体情况，真实、客观、公正地反映在上市环保核查申请报告中。待上述必要的整改内容完成后，完成上市环保核查申请报告的编制工作。并以申请报告为基础，就部分需证明的问题，到地方环保行政主管部门开具守法证明等文件。而后首先上报各省级环保行政主管部门或各协查省级环保行政主管部门进行初审，待取得全部的初审意见后，上报环境保护部或主核查省级环保行政主管部门进行终审。

上市环保核查总体思路示意如图 4-1 所示。

4.2 环境保护部审查流程

依照当前现行要求，上市环保核查文件上报环保部的审查流程及文件要求如图 4-2 所示。

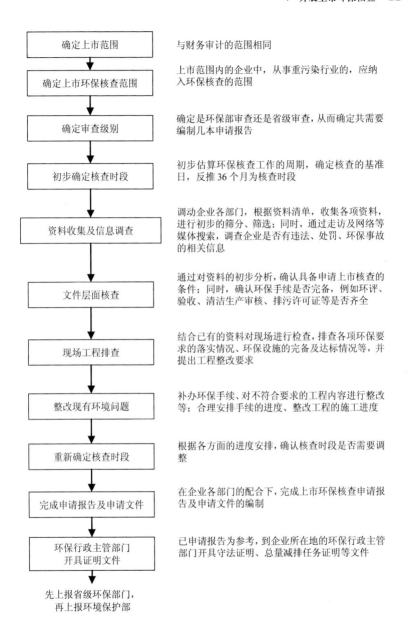

图 4-1　上市环保核查总体思路

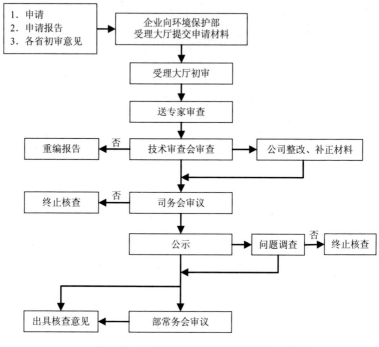

图 4-2   上市环保核查环境保护部审查流程

为方便申请上市环保核查公司提交材料，并给予及时的咨询、指导，环境保护部在受理大厅设立上市环保核查受理岗位，电话：010-66556089 或发邮件至 wzhc@mep.gov.cn。

受理时间：周一至周五，上午：8:30—11:30；下午：14:00—16:30（法定节假日除外）。

报送材料要求：报送申请材料与核查时段最终截止时间差应小于 6 个月；提供的省级环保行政主管部门初审意见不超过 6 个月；申请材料中要明确环境信息公开网址；书面材料和电子版（U 盘）各 3 套，其中书面材料应加盖公司公章。

4.3 开展核查工作的总体思路

在上市环保核查总体思路的基础上，剔除领导层面的要求及管理上的相应环节，上市环保核查技术人员在进行核查工作时可参照以下步骤：

1）按照资料清单收集相关资料，了解企业基本情况和上市环保核查范围，收集全部项目的环评和验收文件，网络调查企业污染事故、信访和处罚等情况。

2）走访当地环保局，就当地环境管理、企业信访情况、是否存在污染事故或处罚等情况进行核实和求证。

3）调查企业周边 2 km 范围内的环境敏感点及企业周边的工业企业情况，对周边企业调查时应同时调查其主要污染因子情况。

4）整理各项目环评批复和验收批复中的各项环保要求以及批复的建设内容，以此为基础对企业进行现场核查，找出企业存在的问题。这里应注意要依照环评批复和验收批复的要求，逐条核查企业环保措施的落实情况。在此阶段经常出现的问题包括：环保手续不完善的生产装置，环保要求未落实或未全部落实，环保治理工艺变化情况，规范化建设等。

在此阶段应着重注意以下内容的核查：

① 对照批复产能情况，核实企业实际产品方案、产量的符合性，如产品方案变化且无合理解释或确有超产能情况应尽快办理补环评手续，其他情况应做合理解释。

② 对照环评文件和验收文件，核实企业各主要生产装置、各废气排气筒、危废暂存点、废水排放厂总口及厂区平面布局情况的符合性。同时，核查人员应将各排气筒与各项目、各工艺进行一一对应，其布设情况应与各环评文件、验收文件中的布置相统一。如存

在问题，且验收文件中也未对问题明确有变动的，应进行补充环评或补充说明。

③核实原辅材料消耗量、一般固体废物、危险废物产生量、总量控制因子排放总量的年度数据的规律性和统一性，核实排放总量的符合性、减排任务的完成情况、危险废物的合理处理处置情况。

④核实企业重金属的使用、产生及排放情况，如涉及的重金属直接参与生产，应有典型年的重金属平衡。

⑤核实调查企业危险化学品和新化学品的相应情况，着重关注其防范措施、风险应急预案及办理手续等问题。

⑥核实企业清洁生产审核的完成情况，注意，不能仅完成审核报告的技术评估，而应完成清洁生产审核的整体验收。

⑦还应注意以下问题：企业是否落实了监测计划，监测因子是否存在缺失，缴费手续是否完善，总量指标是否存在问题，是否存在淘汰类生产装置等。

5）找出具体的解决方案，给企业提供切实可行的整改计划，督促企业尽快整改。

6）完成编制环保核查申请报告。报告编制接近尾声时，整理汇总出无有效依据的内容，由企业去协调当地环保部门，以汇总的内容为基础出具守法证明。

5

上市环保核查的内容、深度及要点

上市环保核查总体上是对企业的自身环境行为进行核查，同时，应与企业基本情况及企业周边情况的调查进行有效的结合。

上市环保核查企业的环境行为核查相对较为明确，从狭义上讲，环境行为的执行情况即为上市环保核查应涵盖的内容。按照国家现行规定，首次申请上市环保核查的拟上市或拟再融资的公司，其环保核查共包括 5 项内容：建设项目环评审批和"三同时"环保验收制度执行情况、污染物达标排放及总量控制执行情况（包括危险废物安全处置情况）、实施清洁生产情况、环保违法处罚及突发环境污染事件情况、企业环境信息公开情况；再次申请上市环保核查的拟上市或拟再融资的公司，其环保核查共包括 3 项内容：募投项目环评审批和验收情况、环保违法处罚及突发环境污染事件情况、企业环境信息公开情况。

在正式开展上市环保核查时，除上述环保核查内容外，应重点调查清楚企业自身及周边环境的基本情况。这些基本情况调查得是否清楚、翔实，是能否高效、保质完成上市环保核查工作的重要基础，是能否准确确定核查对象的基础，是能否发现周边环境是否存在制约因素的基础，甚至可以说是能否开展环保核查的基础。

同时，在上市环保核查后期，还要对核查的绩效进行汇总总结，并给出企业持续改进的方案和计划。

下文将按照上述国家现行要求的核查内容以及笔者的工作经

验，以首次申请上市环保核查的类型为基础，分析各核查内容的核查深度及核查工作的要点问题。而后对再次申请上市环保核查的类型进行简要论述。

5.1 申请核查的公司基本情况

在对拟申请上市环保核查的企业开展核查工作时，首先应清晰地了解核查企业的基本情况以及核查范围内企业的毗邻情况。这里要格外注意的是，基本情况不仅仅是调查清楚就可以的，也不是这部分内容是程式化的资料汇总，而是在这最初始的阶段就开始了核查中的地基工作，这个地基是否牢靠是核查工作的坚实基础。同时，从这里开始，就要将"核查"的理念从始至终地贯穿下去。

5.1.1 核查范围内企业概况

在企业概况调查中，主要针对 4 个方面进行调查，包括：核查范围确定、企业建设历程及工程内容、原辅材料及产品情况和主要生产工艺及产排污环节。

这一步骤核查人员需要取得各企业的营业执照、生产报表、财务报表、入/出库记录、生产装置清单、租赁协议、代产协议、处置协议等（具体见附录中的资料清单，但也应按照企业自身情况进行相应调整），将上述资料中的实际生产内容、实际生产方案及规模、实际生产装置情况、实际平面布局情况等信息和数据进行梳理，并将其与企业中各项目的环评批复、竣工环保验收批复及招股说明书（或上市方案）一一进行核查比较，从基础的文件层面找出不一致的内容或企业存在的问题。

在这里企业最常出现的问题包括：

① 各种报表中的数据不统一。

②企业自身提供的数据与招股说明书中的数据不统一。

③实际产品方案或产量与环评批复或竣工环保验收批复不符。

④对于老企业，实际生产装置较环评批复发生变化。

⑤厂区平面布局发生变化等。

针对这一系列问题，其解决方法可以归纳为以下3种：

（1）数据不一致情况

应了解企业各个口径实际数据统计的方式和侧重性，并经合理分析后，进行统一。

（2）产品方案或产量与各环保批复不符的情况

应分析存在不一致的原因，是归类方式不一致、统计方式不一致还是确实产品方案或产量较环评或验收阶段发生了改变。如果是简单归类、统计的问题，解释即可；如果确实发生了变化，应暂停核查，重新完善环保手续。

还有一点值得注意：对于跨省或跨区的企业，可能存在同类型产品，但环评文件中的名称或说法不一致的情况，这需要核查人员统筹考虑去解释说明。

（3）生产装置或总图较各环保批复不符的情况

按照环评法的要求，企业的各种新、改、扩建项目均应履行环评手续，所以一旦发生这类问题，企业只能暂停核查，完善环保手续。

但是，笔者认为，这类问题还应具体问题具体分析，不应一概而论。比如：虽然生产设备发生了更新变化，但生产工艺路线及生产工况未发生变化，这种情况可通过合理的解释说明进行解决。再比如：总图乃至污染源位置虽发生了变化，但总体规模和排污情况均不变，且周边环境不敏感的情况下，可通过合理的解释说明进行解决。

下面按照企业基本情况调查中应涵盖的内容，对其分别进行描述。

5.1.1.1　核查范围确定

确定核查范围也就是确定哪些企业应纳入此次环保核查。按照前章所述，开展上市环保核查的基础是先确认都有哪些企业属于重污染行业的范畴。属于重污染行业的企业，应将其纳入此次环保核查范畴。反之，可按照各省级环境保护行政主管部门的要求，对核查工作进行简化，抑或者无需进行环保核查。由此可见，核查范围的确定尤为重要，核查范围的确定如有偏差，将直接影响后续工作开展的进度和计划安排。重污染行业的认定依据见本书 2.2 节。

在确定核查范围后，应详细了解各核查企业的基础内容。同时需了解企业是否为废水、废气或固体废物重点监控企业，以及初步确定环保核查时段。

在确定核查范围时，切记勿忘募投项目和收购、重组企业。有些时候收购或重组企业的环境问题或隐患更为突出。

5.1.1.2　企业建设历程及工程内容

企业的建设历程应从建厂开始，描述具体的历史沿革情况，必要时应有相应的支持性文件（如工商部门出具的准许企业名称变更文件或企业体制变更文件等）。这里要注意的是，上市环保核查中的历史沿革描述与招股说明书或发行方案中内容的一致性和相符性。

在调查企业的工程内容时，应依照总体建设历程，按照各工程项目的建设时间，依次对主体工程内容、公辅工程内容、环保工程内容及各产品设计产能情况进行调查。这里要注意的是，除对核查时段内正常运行的生产装置进行调查外，还应对已停产的生产装置乃至已拆除的生产装置进行调查或了解。调查时应做到翔实、具体、有针对性。在调查过程中，可按照表 5-1 的样式对企业基本信息进行汇总统计，以便后续核查工作使用。

表 5-1　企业工程情况汇总样表

类别	企业名称	工程内容①	状态②
主要生产线			
公用工程			
环保工程			

注：① 工程内容栏应填写产品及规模、主要生产工艺；
　　② 状态栏填写在建、投产、停产等。

5.1.1.3　原辅材料及产品情况

在调查企业各年度原辅材料消耗情况时，应按照核查时段，分年度列出主要原辅材料的消耗量、储存形式及运输方式等，统计的样式可参照表 5-2。同样，对于产品产量的调查，也应按照核查时段，分年度列出各产品的产量情况，并与环评批复产能作比较，分析其是否存在"批小建大"的问题。产品产量的统计样式可参见表 5-3。

表 5-2　原辅料、能源使用及其储运方式一览表

序号	主要原辅料及能源名称	核查时段内逐年度消耗量/单位			储存方式	运输方式
		年度 1	年度 2	年度 3		
1						
2						
3						

表 5-3　产品、副产品产量及其储运方式一览表

序号	主要产品、副产品名称	批复产量（单位）	核查时段内逐年产量/单位			暂存及运输方式
			年度 1	年度 2	年度 3	
1	主产品					
2						
1	副产品					
2						

5.1.1.4　主要生产工艺及产排污环节

在对企业进行生产工艺和产排污环节核查时，通常最简便的方法是：按照企业现有工程的环评报告中描述的生产工艺和产排污环节进行分析。这里需要注意的是，环保核查应注重对现状实际情况的核查，而不是搞纸面文章。在核查过程中，可参照环评报告，但不要受到环评报告的束缚和制约，甚至误导。

这个环节的核查，应以企业的实际生产情况为基础进行，通过对生产车间的实地走访、调查，绘制生产工艺流程图，并按照实际情况，注明各产排污环节。

在确定排污节点后，应对各个污染源具体排放的污染因子进行汇总，并对各污染源的处理方式及排放形式进行必要的归纳总结，以便后续环保核查工作的顺利开展。

5.1.2　核查范围内企业毗邻情况

企业毗邻情况调查主要分为常规性周边调查及所设防护距离合规性调查。

5.1.2.1　常规性周边调查

在对核查企业进行毗邻调查时，其调查半径的确定建议参照环境保护部污染防治司编写的《上市公司环保核查培训班教材》(试用)中明确要求的以企业厂界外延 2 km 的调查半径。以此半径为基准进行调查，简要介绍各核查企业的毗邻情况，对于该半径范围内存在环境敏感目标的，应说明毗邻环境敏感目标的名称、性质、规模及相对于本厂区的方位、距离等；对于毗邻环境敏感目标为饮用水水源保护区、自然保护区的，除上述内容外，还应说明是否符合相关法律法规要求；毗邻工厂的，应说明该工厂的生产产品、特征污染物等信息。具体毗邻情况可参照表 5-4 进行汇总，同时应绘制调查范围包络线图，并在图上注明环境敏感目标。这里要注意的是，绘制调查范围包络线图时，是按照企业厂界外延 2 km 绘制，这样绘出的包络图是一个有弧度的多边形，而非圆形，包络图参见图 5-1。

表 5-4　企业毗邻情况统计表

序号	企业名称	环境要素	环境敏感目标	与企业的方位	距最近厂界距离/m	敏感目标性质	环境质量标准
1			1				
			2				
			3				
	……	……					……

图 5-1　某公司周边环境敏感点略图

注：①～④为环境敏感点；白色线区域为调查范围；白色虚框区域为厂区范围。

根据《建设项目环境影响评价分类管理名录》，环境敏感目标应包括：

①自然保护区、风景名胜区、世界文化和自然遗产地、饮用水水源保护区。

②基本农田保护区、基本草原、森林公园、地质公园、重要湿地、天然林、珍稀濒危野生动植物天然集中分布区、重要水生生物的自然产卵场及索饵场、越冬场和洄游通道、天然渔场、资源型缺水地区、水土流失重点防治区、沙化土地封禁保护区、封闭及半封闭海域、富营养化水域。

③以居住、医疗卫生、文化教育、科研、行政办公等为主要功能的区域，文物保护单位，具有特殊历史、文化、科学、民族意义的保护地。

5.1.2.2　防护距离合规性调查

除上述常规毗邻情况调查外，还应调查核查企业是否设置了卫生防护距离或大气环境防护距离。如设置有防护距离，应介绍防护距离内现有环境敏感目标情况，并根据防护距离设置要求及毗邻情况，明确是否符合相关环保法律法规要求。笔者建议，对于设置有防护距离的企业，应按照具体的设置要求，绘制防护距离包络线图，从而分析其包络范围内是否存在环境敏感目标。防护距离包络线图参照图5-2。

调查企业是否设置了或者是应设有卫生防护距离，可依据以下文件：

①企业现有工程环评批复或竣工环保验收批复（如批复中未明确，但环评报告或竣工验收报告中明确了，也应依此执行并调查）。

②国家现行卫生防护距离标准（对于存在现行标准的，不论企业现有工程环评批复或竣工环保验收批复是否提及卫生防护距离的设置要求，均应按标准设置并调查）。

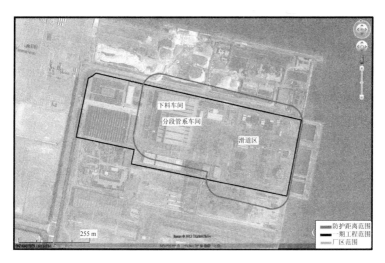

图 5-2　某公司卫生防护距离包络线图

③ 部分行业的准入条件等。

调查企业是否设置了大气环境防护距离，则依据企业现有工程环评批复或竣工环保验收批复。同样，如批复中未明确，但环评报告或竣工验收报告中明确了，也应依此执行并调查。

5.1.2.3　应注意的问题

对于该核查环节，应注意企业是否存在红线问题，即企业是否存在违反饮用水水源保护区制度有关规定。如确实存在该情况，只能停止环保核查，进行必要的整改，待问题解决后，方可继续进行核查。

同样，如在调查过程中发现企业防护距离的设置存在问题，也应停止环保核查，进行必要的整改，待问题解决后，方可继续进行核查。

5.2 环境影响评价和"三同时"制度执行情况

环境影响评价和"三同时"制度执行情况核查包括程序性核查和实体性核查两个方面。

5.2.1 程序性核查

程序性核查主要是通过对核查企业实际生产情况的调查，所梳理出的各期建设项目对应的建设内容，结合收集的各期建设项目环评批复及竣工环保验收批复中明确的建设内容，分析企业的各生产内容是否均依法履行了环境影响评价和"三同时"制度，且其手续是否完备合法等。

对于首次申请上市环保核查的，环境影响评价制度执行情况应回溯到《建设项目环境保护管理条例》颁发实施日，"三同时"制度执行情况应回溯到《建设项目竣工环境保护验收管理办法》颁发实施日；即环境影响评价制度执行情况应回溯到 1998 年 11 月 29 日，"三同时"制度执行情况应回溯到 2002 年 2 月 1 日。对于再次申请上市环保核查的，按上次核查时段确定回溯期，通常回溯至上次核查基准日。

在这一环节核查过程中，应逐条生产线或逐个生产区块进行说明，明确全厂全部生产内容及建设内容是否依法履行了环境影响评价和竣工环保验收手续，这里一定要注意企业实际建设内容与环评报告和竣工环保验收报告中描述的一致性。调查企业是否存在"未批先建"、"久试未验"、"批小建大"、"越级审批"及"批建不符"等问题。如存上述问题，应停止环保核查，进行必要的整改，待问题解决后，方可继续进行核查。对于存在问题但已完成整改的，应详细说明问题的具体情况，并明确说明具体整改的完成情况。

对上述提及的主要问题，名词解释如下：

未批先建　企业在依法取得环保主管部门对建设项目环境影响评价文件的批复前，先行施工建设或安装生产设备的行为。

久试未验　建设项目竣工后，试生产时间过长，违反试生产时间的相应规定的行为。

批小建大　建设项目建成后，实际生产规模或建设规模超出了该项目环评批复中相应规模的情况。

越级审批　不具备相应建设项目环评审批的环保行政主管部门，越权对建设项目环评进行审批的情况。

批建不符　建设项目建成后，实际生产内容或建设内容与该项目环评批复内容不一致的情况。

对于程序性核查，可以参照表 5-5 对企业环境影响评价和"三同时"制度执行情况进行汇总。这里提醒注意的是，属于募集资金投向项目的，应额外注明。

表 5-5　企业环境影响评价和"三同时"制度执行情况

序号	生产线名称	产品名称	环境影响评价				投产时间	竣工环境保护验收			运行状态
			审批部门	批准文号	批准时间	规模①		审批部门	批准文号	批准时间	
1											
2											
3											
......											

注：① 规模可表示为产品产量或原料处理能力。

5.2.2　实体性核查

实体性核查主要是依据各个建设项目环评文件及批复、竣工环保验收报告及批复（或验收意见）中提出的各项环保要求，逐一核实企业实际建设和配备情况及环保工作的完成情况是否达到和落实，对于建厂时间较早的企业，当时的批复文件中部分环保要求已无法达到现行标准、要求时，应说明其随着各个项目实施的发展变化情况。实体性核查原则上可以不进行回溯，但为了更好地了解企业的环保水平，排查企业的环保行为隐患，建议进行适当的回溯核查。

对于实体性核查，可以参照表 5-6 和表 5-7 对企业环境影响评价批复和竣工环境保护验收意见落实情况进行汇总。这一环节是各核查企业存在问题最多的环节之一，在核查过程中，将考验核查人员的工作经验及细致程度。

表 5-6 企业环境影响评价文件批复意见落实情况一览表

序号	建设项目名称	环评批复意见提出的环保要求	实际落实情况（未落实的说明原因）	附件编号
1				
2				
……				

表 5-7 企业竣工环境保护验收意见落实情况一览表

序号	建设项目名称	竣工环境保护验收意见提出的环保要求	实际落实情况（未落实的说明原因）	附件编号
1				
2				
……				

对于在建工程，应对该项目施工期环保要求的执行及环保设施同步建设的情况进行分析核查。对于已投运但未完成竣工环保验收的项目，应在对在建工程核查内容的基础上，着重对环保设施配套

建设的一致性、试生产手续实行情况及试生产批复环保要求的落实情况进行核查。对于建设项目存在实际建设内容与环保要求存在出入的情况，应核查其变化原因，并分析现状情况是否能够达到环保要求的相应水平。

5.3 达标排放、总量控制、工业固体废物处理处置情况

5.3.1 主要产污环节及环保设施

依据本书 5.1.1.4 节的调查结果，按照梳理出的各主要污染源的工位（设施或工序），逐一分析配套的污染防治或综合利用设施、排放形式及实际运行情况，必要时应对环保设施的处理能力及工艺可靠性进行分析。企业涉及重金属污染排放源的，需说明重金属污染治理设施建设与运行情况。

在对各污染源及防治措施进行核查时，应通过现场照片反映实际运行情况（图 5-3 至图 5-6），并参照表 5-8 至表 5-10，对核查情况进行汇总。

表 5-8　企业主要废气污染源及防治设施一览表

序号	产生废气的设施或工序①	有组织源/无组织源	主要废气污染物	废气污染防治设施						排气筒高度/m
				设施名称	台（套）数	处理工艺	处理能力	设计运行时间/（h/a）	实际运行时间/（h/a）	
1										
2										
……										

注：① 没有防治设施的污染源也应列出。

图 5-3 某企业废气污染源现场核查照片

表 5-9 企业主要废水污染源及防治设施一览表

序号	废水类型①	主要污染物	产生设施或工序	产生形式（连续/间断）	废水污染防治设施						外排去向②
					设施名称	台（套）数	处理工艺	处理能力	设计运行时间/（h/a）	实际运行时间/（h/a）	
1											
2											
……											

注：① 没有防治设施的污染源也应列出；

② 外排废水去向应说明企业所有排水口的排水去向及受纳水体功能。

图 5-4 某企业废水处理设施及排放口现场核查照片

表 5-10 企业主要噪声污染源及防治设施一览表

序号	产生高噪声的设施或工序①	主要噪声污染源设备	台数	降噪设施
1				
2				
……				

注：① 没有防治设施的污染源也应列出。

图 5-5 某企业噪声防治措施现场核查照片

5.3.2   核查企业污染物排放情况

此环节的环保核查分为企业污染源监测计划执行情况及污染源达标排放情况两个方面。

5.3.2.1   企业污染源监测计划执行情况

首先，应明确企业制定的污染源监测计划，一般企业监测计划的制订是参照已批复的环评报告中给出的监测计划，这里需注意的是，对于污染源及监测因子的筛选，应以企业实际情况进行确定，不要盲从环评报告。如环评报告中未明确或未全面覆盖污染源，对于一般污染源，原则上各污染源中的各项污染因子均需最少监测 1 次/a。

其次，应调查企业污染源的监控级别，国家对国控、省控等不同监控级别的污染源的监测频次要求不同。依照监控级别的监测频次要求，核实企业所制定的监测计划是否满足其要求。

最后，按照企业核查时段内的实际监测情况，对照所制定的污染源监测计划，分析其实际执行情况。

执行情况存在问题的，应对造成问题的原因进行具体分析；对核查时段内历年监测范围均未覆盖全部污染源或全部污染因子的情况，需进行必要的补测，通过补测数据分析其达标排放情况。

5.3.2.2   企业污染源达标排放情况

收集企业核查时段内的全部监测报告，按年度说明污染物达标排放情况，可参照表 5-11 至表 5-14 对各污染源达标排放情况进行汇总。对于存在超标排放问题的，应对超标原因、对应的整改情况及整改完成的效果进行分析。

表 5-11 企业有组织废气污染物排放情况

产生废气的设施或工序	核查年度	监测日期	监测单位	污染物	执行标准及级别	浓度		排放速率		是否达标
						监测值	标准值	监测值	标准值	
污染源1	年度1			污染物1						
				……						
……	……			……						

表 5-12 企业无组织废气污染物排放情况

核查年度	监测日期	监测单位	污染物	执行标准及级别	监测浓度				标准值	是否达标
					上风向	下风向1	下风向2	下风向3		
年度1			污染物1							
			……							
……			……							

表 5-13 企业废水污染物排放情况

污染源	核查年度	监测日期	监测单位	执行标准及级别	年废水排放总量	单位产品排水量		污染物	浓度/（mg/L）		受纳水体功能	是否达标
						实际值	标准值		监测值	标准值		
监测点1	年度1					……		污染物1				
……	……							……				

表 5-14　企业厂界噪声排放情况

监测点	核查年度	监测日期	监测单位	执行标准及级别	昼间噪声/dB（A）		夜间噪声/dB（A）		是否达标
					监测值	标准值	监测值	标准值	
监测点 1	年度 1								
……	……								

在达标排放核查时，一定要注意执行标准的准确性及有效性，不可直接引用环评报告或竣工环保验收报告中的执行标准，需关注新发布的标准及分时间段实施的标准。

对设置有自动监控系统的污染源，应通过可靠性对比监测分析后，根据自动监测数据和图件，给出核查时段内监测数据最大值、逐月监测数据日均值的范围，说明其达标排放情况。并明确说明企业在线监测装置是否与地方环保行政主管部门联网。

根据相关要求，监测数据要具备可靠性、权威性、时效性、合法性，是符合国家和地方规定的、由有资质单位出具的或经核定的正式报告及数据，并符合国家有关规定和企业环境影响评价文件、竣工环保验收文件等对污染源监测频率的要求。有效的污染源监测数据主要包括以下几个方面：

① 县（区）及以上环保部门监督监测数据。

② 经核定的在线监测数据。

③ 竣工环保验收监测数据，仅限一年内使用。

④ CMA 认证资质监测机构认证的监测数据。

⑤ 企业委托监测数据。

⑥ 其他监测数据。

企业自行监测的历年数据可作为判断参考。

5.3.3 危险废物及一般工业固体废物排放情况

按年度说明企业核查时段内一般工业固体废物及危险废物的类型、产生量、储存（暂存）情况、处理（处置或综合利用）量、处理（处置或综合利用）等情况，并参照表5-15进行汇总。

表5-15　企业固废（危废）处理、处置情况

序号	废物名称（危废名称及类别）	核查年度	产生量/（t/a）	储存（暂存）情况①	处理（处置）量/（t/a）	处理方式（及去向）	处理率/%
1				……			
……							

注：① 说明一般工业固体废物和危险废物储存（暂存）、处置设施情况、储存（暂存）量，并分析与环保技术规范的符合性。

图5-6　某企业固体废物暂存场所现场核查照片

对上述内容的核查，应依据所收集的相关处理处置协议、储存（暂存）时的入库及出库记录、外委处置单位的接收资质（仅限危险废物外协处置）、历次危废转移五联单等文件，需保证数据准确、去

向明确、分析客观。

企业自行综合利用或自行处理处置一般工业固体废物或危险废物的,应对其综合利用方式或处理处置工艺的可行性进行必要的分析,且应避免二次污染。

核查过程中,如发现一般工业固体废物或危险废物储存(暂存)、处理处置或综合利用不能满足环保要求时,应详细说明原因,并立即进行整改(含工程整改)。

对于稳定生产的企业,如统计出来的某项或某几项固废的年度产生量存在较大波动时,应详细说明波动变化的原因,确存问题的应立即进行整改。同时,对于行业内共性的固体废物产生情况,应在统计后,进行行业内的横向数据对比,如存在较大差异,应进行详细的解释说明。

在判别危险废物时,应依据《国家危险废物名录》,对照企业实际废物产生情况进行辨识。切忌单纯依照环评报告中所列危险废物种类,环评报告仅起到参考作用。

5.3.4　污染物排放总量控制情况

5.3.4.1　污染物排放总量控制

按年度对企业核查时段内各总量控制因子的实际年排放总量进行调查计算,并对照企业污染物排放总量控制指标,说明企业各总量控制因子实际年排放总量是否可满足总量控制指标要求。

目前,污染物总量控制因子依照"十二五"期间确定的减排污染物因子确定为:大气污染因子 SO_2 和 NO_x,水污染因子 COD 和氨氮,同时兼顾考虑企业排放的特征污染因子,如 VOCs、HCl、重金属因子等。

企业总量控制因子实际年排放总量的数据来源包括:

① 企业年度排污申报数据。

② 企业年度环统数据。

③ 企业年度监测数据依照年实际运行情况的核算值。

④ 验收监测报告中的污染物实际排放总量核算值（注意数据的时效性）。

⑤ 其他核算总量的方式方法。

企业污染物排放总量控制指标的确定方法依次为：

① 环保行政主管部门对企业下发的污染物排放总量核定文件，如排污许可证、污染物排放总量指标核定通知书或确认函等。

② 企业各期工程的污染物排放总量环评批复值，如不同项目的环评批复污染物排放总量存在差异时，应以最后一期的污染物排放总量环评批复值为准。

③ 环保行政主管部门以其他形式确认的污染物排放总量核定指标（确实未分配总量指标的，应由地方环保行政主管部门出具证明）。

企业污染物排放总量达标情况，可参照表 5-16 进行汇总。

表 5-16　企业污染物排放总量控制情况　　　单位：t/a

控制项目	年度 1		年度 2		年度 3	
	总量指标	实际排放量	总量指标	实际排放量	总量指标	实际排放量
COD						
NH_3-N						
SO_2						
NO_x						
……						

通过核查，若企业存在总量超标排放的情况，应详细说明原因及整改措施执行情况，并对整改后的效果进行分析。如核查基准年出现总量超标问题，企业应马上根据问题起因实施整改，并对整改

后总量达标情况进行分析。

　　企业污染物排放总量控制指标确实不满足其实际生产和发展需求的，应向地方环保行政主管部门进行申请调增，或通过排污权交易从其他企业购买排放总量指标，待排放总量调增确认后，方可再次判定排放总量达标与否。

5.3.4.2　污染物排放总量削减

　　这个环节应首先调查企业是否存在污染物排放总量削减任务。削减任务一般由人民政府或环保行政主管部门以文件的形式下达，抑或是人民政府与企业签署的污染物排放总量削减协议。同时由于排污权交易的逐步开展，也需要调查企业是否存在因排污权交易存在的削减工作。

　　其次，对于存在污染物排放总量削减任务的企业，应调查企业污染物排放总量削减工程的具体方案、实施进程和实施效果等情况。最后，依据调查结果核实企业是否完成了或阶段性完成了污染物排放总量削减任务。

　　企业污染物排放总量削减核查情况，可参照表 5-17 进行统计。

表 5-17　企业污染物排放总量减排要求落实情况

核查年度	总量减排文件（名称和文号）	减排要求	主要减排措施	实施情况及效果	污染物减排要求是否完成
年度 1					
……					

　　对于未能完成或未能按时完成污染物排放总量削减任务的情况，应详细说明原因，并马上开展整改工作，制订切实可行的整改计划及承诺完成整改的时间节点。

对于尚未到污染物排放总量削减任务完成的规定期限，且企业正在实施减排工作的情况，应详细说明企业制订的减排方案、方案实施进度以及可行的完成减排任务的保障措施。并对减排方案完成后是否可满足污染物排放总量削减任务，进行可达性分析。

5.4　清洁生产实施情况

对于企业清洁生产实施情况，应首先调查核查企业是否属于核查时段内各年度地方人民政府、环保行政主管部门或经济和信息行政主管部门发布的年度重点企业清洁生产审核名单或强制清洁生产审核企业名单的范围。如属于上述名单中的企业，应严格按照名单的具体要求，落实清洁生产审核任务。如不属于上述名单范畴，应依据环保部发布实施的《关于深入推进重点企业清洁生产的通知》（环发[2010]54 号）的规定以及各省市的相关要求，核实企业是否需要按照规定的年限及频次要求，落实清洁生产审核的评估和验收工作。

《关于深入推进重点企业清洁生产的通知》（环发[2010]54 号）规定的清洁生产审核周期为：5 个重金属污染防治重点行业，每 2 年完成一轮清洁生产审核；7 个产能过剩行业，每 3 年完成一轮清洁生产审核；《重点企业清洁生产行业分类管理名录》所列其他重点行业，每 5 年完成一轮清洁生产审核。5 个重金属污染防治重点行业为：重有色金属矿（含伴生矿）采选业、重有色金属冶炼业、含铅蓄电池业、皮革及其制品业、化学原料及化学制品制造业；7 个产能过剩行业为：钢铁、水泥、平板玻璃、煤化工、多晶硅、电解铝及造船行业。该文件的具体要求见附录12。

对于企业清洁生产审核的评估及验收工作的落实情况，可参照表 5-18 进行汇总。

表5-18 企业清洁生产审核实施情况

企业名称	所属行业	主体工程投产时间	主体工程竣工环境保护验收时间①	完成清洁生产审核报告时间	向主管部门提交评估/验收申请时间	完成评估时间	完成验收时间	审核咨询机构名称
1								
……								

注：① 对于试生产时间较长的新建企业，其主体工程竣工环保验收时间可以调整为建成投入试运行的时间。

经核查，企业在落实清洁生产审核工作方面存在问题的，应马上开展整改，制订可行的整改计划，并承诺整改完成时间节点及后续完成清洁生产审核工作必要措施。

在企业清洁生产实施情况核查完成后，应对历次清洁生产审核提出的中高费方案进行汇总，并明确其落实情况。未落实的应详细说明原因及进度安排。企业中高费方案的具体落实情况，可参照表5-19进行汇总。必要时可辅以现场照片进行说明。

表5-19 企业中高费方案落实情况

序号	方案名称	方案内容及实施效果	方案投资/万元	落实情况
1				
……				

5.5 环保处罚及突发环境事件

5.5.1 环境纠纷及违法处罚情况

通过走访环保行政主管部门、网络调查及周边环境保护目标人群抽样调查，核实企业在核查时段内是否存在环境纠纷、信访及违法违规行为。具体调查结果可参照表 5-20 进行汇总。

表 5-20　企业环境违法违规情况

企业名称	主要违法行为	违反的法律法规条款	处罚部门	查处时间	处罚内容	采取的整改措施	环保验收情况

如在核查时段内，企业存在环境纠纷问题，应详细说明发生了何种环境问题、问题的涉及面、采取的处理处置方式及是否已整改解决等情况。

如在核查时段内，企业存在环境违法行为，应明确说明违法情形、违反的法律条款；受到环保部门处罚的，应说明具体处罚原因及处罚情况。同时，对应上述两种情况，还应详细描述采取的整改措施，并论证整改效果，最后明确该整改结果是否已解决问题，且已得到环保行政主管部门的认可。在这里一定要注意，企业是否存在本书第 3 章中论述的红线问题。

企业如存在因环境违法被媒体曝光、被采取行政强制措施、被诉讼、受到刑事处罚的情况，应详细说明相关情况，并对采取的整改方案进行详细论证，明确是否已解决对应的环境问题。

5.5.2　突发环境事件

首先，与调查环境纠纷及违法处罚情况的方法相同，通过走访环保行政主管部门、网络调查及周边环境保护目标人群抽样调查，核实企业在核查时段内是否发生过环境污染事故（这个调查过程可以与调查环境纠纷及违法处罚情况同步进行）。

其次，应根据《重大危险源辨识》（GB 18218—2009）和《建设项目环境风险技术导则》（HJ/T 169—2004），对企业原辅材料和产品的风险级别进行辨识，确定厂内是否存在重大危险源。

再次，依照辨识结果，调查企业的环境风险应急预案制订情况、应急演练计划执行情况以及应急物资和设施的配备情况是否满足相应要求。一般情况下，应着重核查的内容如下：

① 企业是否依据风险源级别制订了适宜的环境风险应急预案，主要核实应急预案内容是否能覆盖企业全部风险源，应急预案的针对性和可执行性是否满足企业实际情况，应急预案是否已在环保行政主管部门完成备案等。

② 企业是否制订了环境风险演练计划，演练计划的针对性是否体现企业实际情况，是否按计划进行了应急演练等。应急演练现场应留存照片影像。

③ 企业配备的环境风险防范设施和应急物资是否完善，设施是否处于正常状态等。这部分可通过现场核查照片反映实际情况。

最后，调查企业制订的环境风险应急响应流程是否合理。

对于企业环境风险防范的核查，可参照表 5-21 进行汇总。

表 5-21　企业环境风险防范情况

企业名称	装置名称	危险物质	危险物质储存量/t	主要环境风险防范设施			环境风险应急预案		应急物资储备	
				建设内容	是否完善	是否处于正常状态	制订和演练情况	是否完善	储备位置	储备内容

在环保核查过程中，如果发现企业环境风险防范措施配备情况、环境风险应急预案制定情况或应急物资储备情况存在问题的，应马

上实施整改，且需详细说明整改情况，并对整改后的有效性进行必要的分析论述。

在环保核查过程中，如果发现企业在核查时段内，确实发生过环境突发事件，应如实描述所发生的环境事件的具体情况、处理方式及处理结果。这里要注意企业发生的环境突发事件是否属于第3章所述的红线问题。

5.6 环境信息披露情况

按照环保部《关于企业环境信息公开的公告》（环发[2003]156号）、《环境信息公开办法（试行）》和《关于上市公司环境保护监督管理工作的指导意见》（环发[2008]24号）等文件要求，上市企业须在各地主要媒体定期公布企业环境信息，以促进公众对企业环境行为的监督，同时强化投资者、股民等的环境意识。拟申请上市的企业参照该要求执行。

核查时，应分年度说明核查时段内，企业是否进行了环境信息披露，并对企业所进行的环境信息披露具体情况进行调查，包括披露时间、披露形式和媒体、披露信息的主要内容等。应调查的企业环境信息披露内容主要包括：

① 如核查范围内企业属于强制开展清洁生产审核企业或属于重点清洁生产审核企业的，应依照《清洁生产促进法》和《环境信息公开办法（试行）》，披露企业基本信息、污染物排放情况、环保设施建设运营情况、环境污染事故应急预案以及清洁生产审核情况等信息。企业自愿开展清洁生产审核的，可参照该要求进行信息公开。

② 企业存在向环保部门承诺环保整改的（尤其上次上市环保核查承诺开展环保整改的），应披露整改方案、进度及整改结果等信息。

③ 鼓励企业主动按照《企业环境报告书编制导则》（HJ 617—

2011）的要求，按年度编制环境报告书，公开公司环保管理规章制度、环保方针、环保投入、环境绩效等环境信息。

5.7 环保核查绩效及持续改进

5.7.1 环保核查绩效

根据企业自身实际情况，结合其所属行业环保特点，汇总统计企业在核查时段内完成或开展的污染治理、环保改造或环保整改的内容（包括环保核查时段内正常的污染治理和环保改造以及针对本次环保核查整改的内容）。具体调查内容包括：污染治理、环保改造或环保整改的具体方案、方案完成情况或进展情况、环保投资情况、方案所取得的环境效益等。具体可参照表 5-22 进行汇总。

表 5-22 核查时段内环保整改及绩效情况

序号	企业名称	项目名称	投资金额	投产时间或完成时间	是否为针对本次环保核查项目	项目主要内容及取得效果
合计	—	—		—		

对于属于针对本次环保核查进行整改的方案，应详细说明企业本次环保核查过程中存在的具体问题，整改方案已落实的，分析其整改后的效果；整改方案未完成或尚待开展的，应给出详细可行的整改进度安排及资金来源保障，并对整改后的预期效果进行必要的分析。

对于再次申请环保核查的，除上述核查内容外，还应对之前环保核查时企业承诺的环保整改内容的落实情况逐一进行调查，并说明整改效果是否达到预期目的。如企业存在尚未落实的承诺整改内容，已超出承诺时限的，必须马上进行整改并落实；对于未到整改时限的，应调查其是否按照之前承诺的整改计划顺利进行，如有问题，应详细说明原因及对策。

5.7.2　持续改进

通过对企业运行现状和环保水平的分析，提出进一步提高核查企业环境管理、环境保护水平及环境行为的持续改进计划。

5.8　再次环保核查

对于再次环保核查的企业，虽然现行文件要求仅需要对募投项目环评审批和验收情况、环保违法处罚及突发环境污染事件、企业环境信息公开情况三方面进行核查，但为了更好地完善企业自身环境行为，降低企业因环境带来的金融风险或隐患，笔者建议企业仍按照本章前七节内容进行全面梳理、排查及客观分析。

6

典型案例分析

为了便于理解，本书将按照第 5 章所属上市环保核查内容，逐个环节给出 1~2 个有特点的案例进行相应的分析介绍，以起到抛砖引玉的作用。

以下所列案例仅为提供工作思路，其案例中的具体数据均为虚构。

6.1 申请核查公司基本情况

该章节一般交代核查企业的基本情况、上市或融资背景、历史环保核查情况等信息。企业的建设历程一般以项目的建设过程为主线，从建厂开始历数每个项目的建设过程，与现场核查相呼应，即每条生产线及对应的每种产品、每个公辅配套设施、环保设施、每个建筑都要能够与历次的环评项目对应。核查企业以生产线、产品为主要生产环节，往往容易忽略公辅配套工程的情况，以两个化工企业的环保核查为例，叙述如下：

6.1.1 案例一

××化工厂，于 2004 年开始建设，2007 年 6 月吸收合并了××公司的一期项目，建厂至今共有建设项目 3 项：

项目一：该项目于 2004 年 4 月完成环评审批，主要建设车间一和车间二，包括 3 套生产装置，产品分别为 1020、690、1030 等聚合物添加剂，该项目于 2005 年 10 月开始试生产，可达到年产聚合物添加剂 5 000 t 的生产能力，于 2007 年 5 月 14 日通过竣工环保验收。

项目二：该项目于 2005 年 10 月完成环评审批，主要利用车间二的 1 套生产装置进行生产，产品为嘧啶系列产品。该项目于 2005 年 11 月开始试生产，于 2007 年 7 月通过竣工环保验收，可达到年产 100 t 嘧啶产品的生产能力。该项目已于 2009 年 12 月停止生产。

吸收合并的某公司一期项目：该项目于 2005 年 5 月完成环评审批，主要利用车间二，建设 2 套生产装置；新建车间三，建设 2 套生产装置，产品为防水建材品、防水涂料等。该项目于 2006 年 6 月试生产，可达到年产 1 000 t 防水涂料的生产能力，于 2007 年 11 月 20 日通过竣工环保验收。

核查时段内，××化工厂逐年原辅材料、能源使用情况及产品产量情况通过列表进行汇总，具体内容省略。表格样式参照 5.1 节。

××化工厂生产工序主要分为反应合成工序、造粒工序及包装工序。以某物料反应合成工序及包装工序为例，说明公司生产及产排污分析。

某物料反应合成工序生产工艺流程及产污环节见图 6-1。

包装工序位于各产品烘干工序后，烘干后的产品经负压风力输送设备送至高位料仓，风力输送设备尾气经布袋除尘器除尘后，含尘废气进入各车间的废气处理装置进行处理经 15 m 高排气筒排放（图 6-2）。

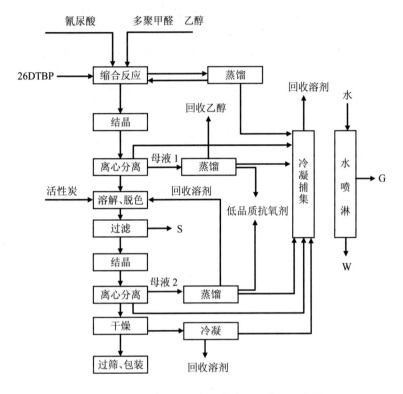

图 6-1 某产品生产工艺流程及产污示意图

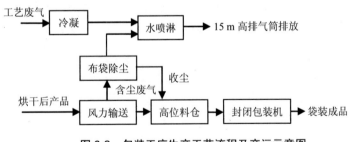

图 6-2 包装工序生产工艺流程及产污示意图

××化工厂生产过程中产排污环节如下：

① 废气产排污环节：主要为各生产车间生产过程中物料在反应釜内发生化学反应产生的工艺废气、含尘废气；燃气导热油炉的燃气废气。

② 废水产排污环节：企业生产过程产生的废水主要有各生产车间溶剂蒸馏回收工序等过程产生的工艺废水；反应釜冲洗废水；车间设备的冲洗废水；生产过程中蒸汽凝水；配套的废气净化装置的水喷淋系统排水；车间内部的地面冲洗水。

③ 噪声产排污环节：企业主要噪声设备为风机、泵类等。

④ 固体废物产排污环节：企业产生的危险废物主要为高浓度废水蒸馏过程产生的蒸馏釜残渣、脱色工序产生的废活性炭、废水处理站产生的污泥；产生的一般固体废物包括废包装袋、废纸箱（桶）、废托盘和职工生活垃圾。

企业毗邻情况是以××化工厂厂区边界为起点，向外延伸 2 km 作为调查范围，通过现场踏勘和资料收集，调查范围内的环境敏感目标为厂区西侧的敏感目标一、敏感目标二等 4 个敏感点；原位于厂区西侧 1 500 m 的敏感目标五已全部拆迁，现已规划为工业园。利用 Google 电子地图作为底图，根据现场核查情况对周边环境状况进行标注，现有敏感目标分布示例见图 5-1，敏感目标情况汇总见表 6-1。

6.1.2 案例二

对于企业存在全方位改造的技改项目，在项目背景介绍时应注意介绍的全面性，具体如下。

表 6-1　××化工厂周边环境敏感目标一览表

序号	企业名称	环境要素	环境敏感目标		与企业的方位	距最近厂界距离/m	敏感目标性质	环境质量标准
1	××化工厂	大气	1	敏感目标一	WNW	1 200	居住区，约394 人	《环境空气质量标准》（GB 3095—2012）二级标准
			2	敏感目标二	NNW	1 570	居住区，约5 587 人	
			3	敏感目标三	NNW	1 650	学校	
			4	敏感目标四	E	1 400	居住区，约2 000 人	
2		水	蓟运河		W	370	河流	《地表水环境质量标准》（GB 3838—2002）Ⅳ类标准

××化工厂促进剂扩建项目：该项目于 2009 年 3 月 31 日取得环评批复，主要将原有的 M、DM、CZ 生产装置拆除，建设新的生产装置各 1 套；改造原有的硫回收装置；扩容改造原有的锅炉房，扩容改造后共有 2 台 10 t/h 蒸汽锅炉（一用一备）、2 台 90 万大卡（1 000 kW）导热油炉（一用一备）、2 台 600 万大卡（0.7 MW）导热油炉（备用）；建设 PAS 制氮及氧气站（瓶装）以及其他配套设施。该项目于 2009 年 10 月进行试生产，可达到促进剂 M 为 3 万 t/a、DM 为 1 万 t/a、CZ 为 1 万 t/a 的生产能力，DZ、NS 生产装置及生产能力保持不变，于 2010 年 11 月 24 日通过竣工环保验收。

通过上述案例分析，在企业概况介绍中，应注意企业或项目的几个重要时间节点需要交代清楚，包括取得环评批复时间、建设时间、建成试运行时间、竣工环保验收时间。建设内容中不但需要交代生产装置、产品的变更情况，对环保设施的改造、公辅设施的扩容或改造的建设情况也要进行相应的描述。特别需要提醒的是，锅炉房作为企业生产的主要动力供应设施，同时也是一个大的产污环节，涉及申请报告后续的监测、总量等内容，在企业的建设历程中介绍清楚锅炉的建设、改建、扩建情况，也为后续产量变化、监测数据变化、总量数据变更等提供基础依据。生产工艺及产排污情况描述时，应客观地反映企业实际状况，必要时应配有典型年的物料平衡、能源平衡或特征元素平衡等。

6.2　环境影响评价和"三同时"制度执行情况

核查企业通过环评、试生产、验收等环保手续的梳理，从各个时间节点的明列可以找出项目存在的问题，如未批先建、久试未验等，核查企业若存在此类问题，需要给出相应的解释。

6.2.1　案例一

案例一为××化工厂因政策原因，产生了"久试未验"的情况，在此以该情况为例，进行说明。

××化工厂的4期工程于2005—2006年陆续建成、投入试运行，并陆续开展竣工环保验收监测工作。在该时间段内，2005年11月13日吉化发生了松花江污染事件，原国家环保总局下发了《关于加强环境影响评价管理防范环境风险的通知》（环发[2005]152号）、《关于开展化工石化建设项目环境风险排查的通知》（环办函[2006]69号）、《关于检查化工石化等新建项目环境风险的通知》（环办[2006]4号）等文件，天津市环保局下发了《关于进一步检查化工石化新建项目环境风险的通知》（津环保管[2006]026号）等文件，要求化工企业进行环境风险排查。为此某化工厂暂停了竣工环保验收的工作，进行了全厂的环境风险排查，在补充完善了企业环境风险应急预案、完善了相关事故防范措施后，于2007年各项目相继通过了竣工环保验收。

实体核查对环评批复、验收批复中的环保要求逐条进行核查，说明落实情况，对于未落实的，说明原因。落实情况一定要以企业现场实际情况为依据，必要时以现场照片辅证，对于建设时间较早的项目，环保设施随着后期项目实施发生变化、执行标准发生变化的，均要进行说明，具体见表6-2。

表6-2   ××化工厂环保要求与落实情况一览表

序号	建设项目名称	环评批复意见提出的环保要求	实际落实情况
1	项目一	1. 该项目生产车间应封闭设计，车间侧墙不得安装排风机。必须严格按照环评报告要求对 1#、3#生产装置产生的废（尾）气分别进行处理，然后由不低于 15 m 排气筒达标排放	部分落实 该项目生产车间采用封闭设计，根据消防要求，车间侧墙安装有事故排风机；公司对位于车间一和车间二内的 1#、3#生产装置产生的废（尾）气分别进行处理，其中，环评报告提出生产的废气采用"活性炭吸附"处理工艺，实际采用了"冷凝器捕集+水喷淋吸收"，其余均按照环评报告采用了相应的处理工艺。废气处理后由 15 m 高的排气筒（P1、P2、P3）排放，监测表明，废气均达标排放
		2. 生产工艺产生的有机废水、生活废水应按照环境影响评价报告书提出的处理工艺在设计方案中落实，各项废水经处理后达标排放	已落实 本项目已按照环境影响评价报告书提出的处理工艺建了污水处理站，生产工艺产生的有机废水、生活废水经污水处理后排放，验收监测表明，处理后的废水均达标排放； 2010 年，随着项目三的建设，企业对污水处理站进行了改造升级，采用了"物化絮凝+一级酸化水解+一级接触氧化+二级酸化水解+二级接触氧化+絮凝沉淀"的处理工艺，改造后污水处理能力达到 900 m³/d，企业于 2013 年 1 月 5 日完成了竣工环保验收手续，验收监测表明，处理后的废水均达标排放

序号	建设项目名称	环评批复意见提出的环保要求	实际落实情况
2	项目二	该项目在抗氧化剂生产工艺中产生的废气（甲苯）必须按照报告表要求处理后再由不低于 15 m 排气筒达标排放；对紫外线吸收剂工艺产生的醋酸废气经冷阱处理后达标排放。废气排放执行标准为《大气污染物综合排放标准》（GB 16297—1996）新污染源二级	部分落实 本项目在抗氧化剂生产工艺中产生的废气（甲苯）采用"冷凝器捕集+水喷淋吸收"替代了环评中提出的"水洗+活性炭"处理工艺，处理后通过 15 m 排气筒排放；紫外线吸收剂生产工艺不使用醋酸，无醋酸废气产生

6.2.2 案例二

案例二为××钢铁厂在建设初期的历史阶段存在"未批先建"的情况，在此以该情况为例，进行说明。

××钢铁厂在核查时段内，各建设项目均履行了环评及"三同时"制度，但在环评及"三同时"回溯时发现，企业的某个电炉炼钢系统未履行环评手续，对此企业进行相应的整改，具体如下：

核查时段前，××钢铁厂 90 t 电炉炼钢系统未及时执行环境影响评价制度的情况，上述机组已作为已通过环境保护部批复的"某钢铁厂结构调整项目"中的现有工程在其环境影响报告书中进行了环境影响评价，相应机组各部位排放的污染物均可满足相应排放标准的要求、相关环保设施已纳入《××钢铁厂结构调整项目环境影响报告书》环保"三同时"措施，并将一并进行竣工环境保护验收。

××钢铁厂环保要求的落实情况如表 6-3 所示。

表 6-3 ××钢铁厂环保要求与落实情况一览表

项目名称	环评批复及验收批复中的环保要求	落实情况
项目一	1. 环形加热炉和芯棒加热炉使用天然气，采用低氮烧嘴，烟气分别经 93 m 和 25 m 高排气筒达标排放； 2. 穿孔机后部、芯棒润滑喷涂装置及连轧机前部含尘废气收集、净化后经 30 m 高排气筒达标排放，除尘效率不低于 98%； 3. 清灰及修磨过程含尘废气收集、净化后通过 3 根 35 m 高排气筒达标排放，除尘效率不低于 95%	1. 轧管机组环形加热炉和芯棒加热炉使用天然气，并采用低氮烧嘴，产生的燃烧废气分别通过 85 m 和 30 m 高排气筒达标排放； 2. 穿孔机后部、芯棒润滑喷涂装置处以及连轧机前部产生的含尘废气经收集、净化处理后通过 30 m 高排气筒达标排放，除尘效率不低于 99%； 3. 钢管内部清理除尘过程、探伤前钢管内部清灰过程产生的含尘废气经收集、净化后分别通过两根 35 m 高排气筒达标排放，除尘效率不低于 99%
	废水经配套水处理系统处理后，大部分回用，重复利用率不得低于 97.9%，剩余废水达标排入全厂中水处理站，经深度处理后全部回用	设备间接冷却水系统、浊环水系统、含石墨废水、含油废水经各自配套的水处理系统处理后，大部分回用，剩余的废水排入全厂再次利用水站，经深度处理后全部回用
项目二	按照"清污分流、雨污分流、分质处理，一水多用"的原则，优化设置项目排水系统，最大限度地减少新鲜水消耗量和废水排放量	根据不同生产工艺对水质的要求，采用串级用水，以净补浊。各股废水经配套污水处理设施及全厂再次利用水站处理后尽量回用，提高水的重复利用率
	按照国家和地方有关要求对固体废物进行分类收集，并立足于综合利用； 危险废物应严格按照国家有关规定执行转移联单制度，送有资质的单位进行处置，防止产生二次污染	各生产单元一般固体废物处置途径包括回用、外售及交由环卫部门清运，分类处理有利于实现综合利用。 危险废物交由具备危险废物处置资质的单位进行处理处置，认真执行危险废物转移联单制度，确保无害化处置率100%

项目名称	环评批复及验收批复中的环保要求	落实情况
项目二	对危险化学品等环境风险制订应急预案，进一步完善与地方政府突发环境事故应急预案对接及联动具体实施方案，确保风险事故得到有效控制，防止发生污染事件。加大风险监测和监控力度，定期开展事故环境风险应急演练，落实各项应急管理措施以及各项风险防范措施	已结合实际生产情况制定了《某钢铁厂危险化学品管理办法》《某钢铁厂突发公共事件总体应急预案》及《某钢铁厂突发环境事件应急预案》，对应急组织结构与职责、应急处置方案及应急物资准备等方面进行了详细的要求
	按照国家有关规定设置规范的污染物排放口，安装废水、废气在线监测系统并与地方环境保护部门联网，设置规范的污染物排放口、储存（处置）场	对各废气排放口及一般固废暂存场进行了规范化建设；废水排放总口设置环境保护标志牌并安装了在线监测系统，目前正在进行并网调试

6.3 达标排放、总量控制、工业固体废物处理处置情况

6.3.1 达标排放

该部分是数据量最大、基础工作最繁杂的内容，不仅是监测报告的收集、数据的罗列对标，对于监测报告和数据也需要有一定的鉴别能力，主要有以下几点：

① 监测报告需要由有资质的监测单位出具。

② 监测项目要覆盖企业所有的污染源和污染因子，由于各地方的监测条件差距较大，对于某项特征污染物可能当地并不具备监测能力，需委托有能力的监测机构进行补测，同时，在核查报告中将

监测机构的资质作为附件。

③ 监测报告中的数据要进行筛选，对于明显不符合常规的数据要进行剔除，例如超出检测方法检出限的、数据的小数点后的位数明显超出检测方法精度等级的，均要进行鉴别、剔除，必要时进行补测。

④ 环评文件中未提及、地方环保部门未对其进行监管，却实际存在的排气筒，需按照企业实际情况进行核查，对污染因子进行补测，并列入日后企业环保管理的监测项目，同时也需纳入环保部门的监管项。

具体案例如下：

核查时段内，××化工厂各年度监测数据如表6-4至表6-7所示。

根据企业各年度的监测报告，企业在核查时段内，废气、废水、噪声均可实现达标排放。

根据企业的主要原辅料消耗情况，产品及副产品的生产情况，可知××化工厂在生产过程中不涉及含重金属的物质，不会有含重金属的污染物产生。

6.3.2　总量控制

总量控制指标和实际的排放量每个数据都要说明具体的数据来源，在实际排放量无从考证的情况下，以监测数据为依据进行计算，切记不可以环评的思路进行预测计算。

总量控制分析案例如表6-8所示。

表6-4 ××化工厂有组织废气污染物排放情况

产生废气的设施或工序	核查年度	监测日期	监测单位	污染物		执行标准及级别	浓度/（mg/m³）		排放速率/（kg/h）		是否达标
							监测值	标准值	监测值	标准值	
车间一 P1排气筒	2010	2010.6.8	某环境监测站	甲苯	1	《大气污染物排放标准》（GB 16297—1996）中新污染源二级标准	8.16	40	3.00×10⁻²	3.1	达标
					2		7.38		2.63×10⁻²		达标
				二甲苯	1		8.23	70	3.02×10⁻²	1.0	达标
					2		8.71		3.10×10⁻²		达标
				甲醇	1		4.36	190	1.60×10⁻²	5.1	达标
					2		2.65		9.44×10⁻³		达标
	2011	2011.7.5	某环境监测站	甲苯	1	《大气污染物排放标准》（GB 16297—1996）中新污染源二级标准	8.52	40	2.92×10⁻²	3.1	达标
					2		8.86		3.17×10⁻²		达标
				二甲苯	1		7.45	70	2.56×10⁻²	1.0	达标
					2		7.82		2.79×10⁻²		达标
				甲醇	1		3.56	190	1.22×10⁻²	5.1	达标
					2		3.69		1.32×10⁻²		达标
	2012	2012.6.12	某环境监测站	甲苯	1	《大气污染物排放标准》（GB 16297—1996）中新污染源二级标准	7.25	40	2.50×10⁻²	3.1	达标
					2		7.66		2.74×10⁻²		达标
				二甲苯	1		6.73	70	2.32×10⁻²	1.0	达标
					2		6.73		2.41×10⁻²		达标
				甲醇	1		2.04	190	7.04×10⁻³	5.1	达标
					2		2.37		8.48×10⁻³		达标

产生废气的设施或工序	核查年度	监测日期	监测单位	污染物		执行标准及级别	浓度/(mg/m³) 监测值	标准值	排放速率/(kg/h) 监测值	标准值	是否达标
车间一P2排气筒	2010	2010.6.8	某环境监测站	甲苯	1	《大气污染物排放标准》（GB 16297—1996）中新污染源二级标准	13.20	40	4.37×10^{-2}	3.1	达标
					2		10.60		3.80×10^{-2}		达标
				二甲苯	1		7.04	70	2.33×10^{-2}	1.0	达标
					2		7.35		2.63×10^{-2}		达标
				甲醇	1		3.00	190	9.93×10^{-3}	5.1	达标
					2		2.67		9.57×10^{-3}		达标
	2011	2011.7.5	某环境监测站	甲苯	1	《大气污染物排放标准》（GB 16297—1996）中新污染源二级标准	14.53	40	5.30×10^{-2}	3.1	达标
					2		15.66		5.60×10^{-2}		达标
				二甲苯	1		6.75	70	2.46×10^{-2}	1.0	达标
					2		5.90		2.11×10^{-2}		达标
				甲醇	1		2.13	190	7.77×10^{-3}	5.1	达标
					2		2.67		9.54×10^{-3}		达标
	2012	2012.6.12	某环境监测站	甲苯	1	《大气污染物排放标准》（GB 16297—1996）中新污染源二级标准	18.94	40	6.10×10^{-2}	3.1	达标
					2		13.63		4.33×10^{-2}		达标
				二甲苯	1		4.56	70	1.47×10^{-2}	1.0	达标
					2		4.56		1.45×10^{-2}		达标
				甲醇	1		2.56	190	8.23×10^{-3}	5.1	达标
					2		3.67		1.17×10^{-2}		达标

产生废气的设施或工序	核查年度	监测日期	监测单位	污染物		执行标准及级别	浓度/（mg/m³）		排放速率/（kg/h）		是否达标
							监测值	标准值	监测值	标准值	
	2010	2010.6.8	某环境监测站	烟尘	1	《锅炉大气污染物排放标准》（DB 12/151—2003）	1.72	10	—	—	达标
					2		1.54		—		达标
				二氧化硫	1		15L	20	—	—	达标
					2		15L		—		达标
				氮氧化物	1		75	300	—	—	达标
					2		77		—		达标
导热油炉房 P8 排气筒	2011	2011.7.5	某环境监测站	烟尘	1	《锅炉大气污染物排放标准》（DB 12/151—2003）	1.89	10	—	—	达标
					2		1.76		—		达标
				二氧化硫	1		15L	20	—	—	达标
					2		15L		—		达标
				氮氧化物	1		85	300	—	—	达标
					2		82		—		达标
	2012	2012.6.12	某环境监测站	烟尘	1	《锅炉大气污染物排放标准》（DB 12/151—2003）	2.01	10	—	—	达标
					2		1.38		—		达标
				二氧化硫	1		15L	20	—	—	达标
					2		15L		—		达标
				氮氧化物	1		85	300	—	—	达标
					2		92		—		达标

表 6-5 ××化工厂无组织废气污染物排放情况

核查年度	监测日期	监测单位	污染物		执行标准及级别	监测浓度/（mg/m³）				标准值/（mg/m³）	是否达标
						上风向	下风向1	下风向2	下风向3		
2010	2010.6.8	某环境监测站	臭气浓度	1	《恶臭污染物排放标准》（DB 12/-059—95）	—	14	12	10L*	20（量纲为1）	达标
				2		—	16	11	13		达标
			甲苯	1	《大气污染物排放标准》（GB 16297—1996）	—	0.33	0.10	0.01	2.4	达标
				2		—	0.28	0.09	0.02		达标
			二甲苯	1		—	0.02	0.01L	0.02	1.2	达标
				2		—	0.02	0.02	0.01L		达标
			甲醇	1		—	0.1L	0.1L	0.1L	12	达标
				2		—	0.1L	0.1L	0.1L		达标
			甲醛	1		—	0.01L	0.01L	0.01L	0.20	达标
				2		—	0.01L	0.01L	0.01L		达标
2011	2011.7.5	某环境监测站	臭气浓度	1	《恶臭污染物排放标准》（DB 12/-059—95）	—	11	10L	15	20（量纲为1）	达标
				2		—	15	13	16		达标
			甲苯	1	《大气污染物排放标准》（GB 16297—1996）	—	0.25	0.18	0.04	2.4	达标
				2		—	0.27	0.11	0.06		达标

核查年度	监测日期	监测单位	污染物		执行标准及级别	监测浓度/（mg/m³）				标准值/（mg/m³）	是否达标
						上风向	下风向1	下风向2	下风向3		
2011	2011.7.5	某环境监测站	二甲苯	1	《大气污染物排放标准》（GB 16297—1996）	—	0.02	0.01L	0.01L	1.2	达标
				2		—	0.01L	0.01L	0.01L		达标
			甲醇	1		—	0.1L	0.1L	0.1L	12	达标
				2		—	0.1L	0.1L	0.1L		达标
			甲醛	1		—	0.01L	0.01L	0.01L	0.20	达标
				2		—	0.01L	0.01L	0.01L		达标
			臭气	1	《恶臭污染物排放标准》（DB 12/-059—95）	—	10L	10L	11	20（量纲为1）	达标
				2		—	10L	12	12		达标
2012	2012.6.12	某环境监测站	甲苯	1	《大气污染物排放标准》（GB 16297—1996）	—	0.26	0.12	0.05	2.4	达标
				2		—	0.23	0.13	0.06		达标
			二甲苯	1		—	0.02	0.01L	0.02	1.2	达标
				2		—	0.02	0.01L	0.03		达标
			甲醇	1		—	0.1L	0.1L	0.1L	12	达标
				2		—	0.1L	0.1L	0.1L		达标
			甲醛	1		—	0.01L	0.01L	0.01L	0.20	达标
				2		—	0.01L	0.01L	0.01L		达标

注：环保局对化工区的监测，只进行下风向的监测，下风向超标即为厂界超标。

* L代表低于检出限，余同。

表6-6　××化工厂废水污染物排放情况

污染源	核查年度	监测日期	监测单位	执行标准及级别	废水排放总量/(t/a)	单位产品排水量/(t/a) 实际值	单位产品排水量/(t/a) 标准值	污染物	浓度/(mg/L) 监测值	浓度/(mg/L) 标准值	受纳水体功能	是否达标
污水站出口（总排口）	2010	2010.6.8	某环境监测站	天津市地方标准《污水综合排放标准》（DB 12/356—2008）三级	46 043	17.783	—	氨氮	2.12	35	废水经厂内污水站处理至某后排放厂污水处理厂处理后排入渤海	达标
								化学需氧量	236	500		达标
								生化需氧量	118.1	300		达标
								悬浮物	52	400		达标
				国家标准《污水综合排放标准》（GB 8978—1996）三级				总磷	2.67	3.0		达标
								pH	7.69	6~9		达标
								动植物油	0.18	100		达标
								甲醛	0.19	5.0		达标
								甲苯	0.05L	0.5		达标
污水站出口（总排口）	2011	2011.6.20	某环境监测站	天津市地方标准《污水综合排放标准》（DB 12/356—2008）三级	49 910	14.544	—	氨氮	0.548	35	废水经厂内污水站处理至某后排放厂污水处理厂处理后排入渤海	达标
								化学需氧量	197	500		达标
								生化需氧量	76.6	300		达标
								悬浮物	43	400		达标
								总磷	2.54	3.0		达标

污染源	核查年度	监测日期	监测单位	执行标准及级别	废水排放总量/(t/a)	单位产品排水量/(t/a) 实际值	标准值	污染物	浓度/(mg/L) 监测值	标准值	受纳水体功能	是否达标
污水站出口（总排口）	2011	2011.6.20	某环境监测站	国家标准《污水综合排放标准》（GB 8978—1996）三级	49 910	14.544	—	pH	7.79	6～9	废水经厂内	达标
								动植物油	0.19	100	污水站处理至某	达标
								甲醛	0.22	5.0	后排放至某	达标
								甲苯	0.05L	0.5	处理后排放入渤海	达标
污水站出口（总排口）	2012	2012.6.12	某环境监测站	天津市地方标准《污水综合排放标准》（DB 12/356—2008）三级；国家标准《污水综合排放标准》（GB 8978—1996）三级	57 106	13.696	—	氨氮	0.166	35		达标
								化学需氧量	123	500		达标
								生化需氧量	57.4	300		达标
								悬浮物	21	400		达标
								总磷	2.15	3.0		达标
								pH	7.84	6～9	废水经厂内	达标
								动植物油	1.17	100	污水站处理至某	达标
								甲醛	0.34	5.0	后排放至某	达标
								甲苯	0.05L	0.5	处理后排放入渤海	达标

表6-7　××化工厂界噪声排放情况

监测点	核查年度	监测日期	监测单位	执行标准及级别	昼间噪声/dB（A）监测值	昼间噪声/dB（A）标准值	夜间噪声/dB（A）监测值	夜间噪声/dB（A）标准值	是否达标
北侧厂界外1测点	2010	2010.6.8	某环境监测站	《工业企业厂界环境噪声排放标准》（GB 12348—2008）3类	53	65	49	55	达标
北侧厂界外2测点					52		44		达标
北侧厂界外3测点					54		49		达标
北侧厂界外4测点					51		47		达标
北侧厂界外5测点					52		50		达标
北侧厂界外6测点					56		48		达标
北侧厂界外1测点	2011	2011.7.5	某环境监测站	《工业企业厂界环境噪声排放标准》（GB 12348—2008）3类	57	65	49	55	达标
北侧厂界外2测点					52		47		达标
北侧厂界外3测点					53		48		达标
北侧厂界外4测点					54		48		达标
北侧厂界外5测点					53		49		达标
北侧厂界外6测点					55		46		达标
北侧厂界外1测点	2012	2012.6.12	某环境监测站	《工业企业厂界环境噪声排放标准》（GB 12348—2008）3类	52	65	47	55	达标
北侧厂界外2测点					54		49		达标
北侧厂界外3测点					50		45		达标
北侧厂界外4测点					54		48		达标
北侧厂界外5测点					56		50		达标
北侧厂界外6测点					51		47		达标

表 6-8　××公司总量控制指标的执行情况　　　　单位：t/a

控制因子	2010 年		2011 年		2012 年	
	总量指标	实际排放量	总量指标	实际排放量	总量指标	实际排放量
COD	36.8	10.87	36.8	25.2	36.8	27.59
氨氮	6.43	0.10	6.43	1.008	6.43	0.05
粉尘	0.61	0.468	0.61	0.468	0.972	0.64
烟尘	1.72	0.86	1.72	0.86	1.72	0.02
SO_2	3.6	1.8	3.6	1.8	3.6	0.02

情况说明：

① 核查时段内，COD 总量指标为企业排污许可证的核定许可量。

② 2010 年、2011 年氨氮、粉尘、烟尘、SO_2 的总量指标为"二期年产 16 000 t 聚合物添加剂及配套中间体项目"环评批复值。

③ 2012 年氨氮、粉尘、烟尘、SO_2 的总量指标为经批复的"二期年产 16 000 t 聚合物添加剂及配套中间体项目"验收监测报告的核定值。

④ 2010 年 COD、氨氮的实际排放量是以企业年废水排放量及监督性监测结果为基数的核算值。

⑤ 2011 年 COD、氨氮的实际排放量是某环保局排污核定通知书中的核定值。

⑥ 2010 年、2011 年粉尘、烟尘、SO_2 及 2012 年 COD、氨氮、粉尘、烟尘、SO_2 的实际排放量为经批复的"二期年产 16 000 t 聚合物添加剂及配套中间体项目"验收监测报告的测定值。

6.3.3 工业固体废物处理处置

6.3.3.1 案例一

以下案例是某核查企业在危险废物处置联单统计过程中，发现某几项废物的年变化量较大，遇到此类情况，需要找出废物量出现波动的原因，做出解释说明。

（1）核查企业 2010 年和 2011 年期间，生产中产生的废活性炭及废白土采用水吹脱方式进行清理，吹脱出的废活性炭和废白土大部分沉积在吹脱池底，2012 年开始采用干法清理，并对水吹脱池进行了清池，因此，2012 年废活性炭的产生量比前两年有明显增加。

（2）核查企业在 2010 年和 2011 年进行污水处理站的改造升级，在此期间，产生的剩余污泥大部分存在于污泥储池内，以便为改造后的污水处理系统提供足够的菌种，2012 年，污水处理站改造完成并正常运行，另外，还对污泥储池进行了清池，将多余的菌种污泥进行了一次性处理，因此，2012 年污泥产量较前两年有明显增加。

6.3.3.2 案例二

危险废物处置去向不合理时需要说明原因，进行整改，并说明整改后的效果。这一案例是农药生产企业，在核查过程中发现废气的包装桶、包装瓶委托处置的单位不具备处置此类危险废物的能力，企业发现这一问题后进行了整改。

企业 2011 年产生的危险废物废空桶有 11 370 个，其中 3 000 个废空桶交由 A 公司处置，其余 8 370 个交由 B 公司处置；2012 年产生的危险废物废空桶有 11 452 个，废包装瓶 2 118 件全部交由 A 公司处置，上述废空桶、废包装瓶的危险废物处理协议和危险废物转移联单齐全。2013 年环保行政主管部门对企业进行环保监察时发现，A 公司和 B 公司虽然具有危险废物经营许可证，且具有 HW49 其他废物的部分许可类别，但该两家公司并不具备处置含有或直接沾染农药的废包装物的资质。企业针对这一问题进行了整改，与具备处理相应危险废物资质的 C 公司和 D 公司签订了危废处理合同，并将企业 2013 年产生的危险废物全部交由上述两家公司处置。

6.4 清洁生产实施情况

6.4.1 案例一

此案例是属于强制清洁审查审核名录中的某化工厂，但企业刚建成不久，核查期间通过了竣工环保验收，企业需达成清洁生产审核意向，并将意向性协议或委托合同作为附件。

以企业环评阶段清洁生产指标的设计值为基础，按照企业一期工程环保验收阶段的指标数据，分析企业清洁生产水平。对比结果如表 6-9 所示。

表 6-9　企业清洁生产指标对比

类别	项目	环评阶段设计指标/ （t/t 产品）	一期工程指标/ （t/t 产品）
综合能耗 指标	标煤	1.26	1.17
污染物排 放指标	SO_2	0.014 5	0.013 1
	COD	0.028 2	0.015 0

根据已批复的项目环境影响报告书结论，项目环评阶段设计指标的清洁生产水平为国内先进。由表 6-9 对比结果可知，核查时段内，企业一期工程的综合能耗指标和主要污染物排放指标均低于项目环评阶段的设计指标值，其清洁生产水平为国内先进。

核查企业属于《重点企业清洁生产行业分类管理名录》中化学

原料及化学制品制造行业中专用化学品制造企业，根据《关于深入推进重点企业清洁生产的通知》（环发[2010]54 号），企业应每五年开展一轮清洁生产审核，2014 年年底前全部完成第一轮清洁生产审核及评估验收。

企业于 2012 年 12 月通过竣工环保验收，投入正常运行，企业已于 2013 年 1 月 15 日委托某公司开展清洁生产审核工作。

6.4.2　案例二

某葡萄酒公司于 2011 年 10 月完成了清洁生产审核报告的编制，于 2011 年 12 月，通过了某环境保护局组织的清洁生产审核报告评估，审查组认为核查报告编制规范、结论基本可信，本报告达到国家《重点企业清洁生产审核评估、验收实施指南》的相关要求，同意通过评估。目前该企业全部清洁生产方案实施完成，正在按程序向某环境保护局申请验收，预计于 2012 年 6 月前完成验收工作。具体统计信息如表 6-10 所示。

表 6-10　各核查企业清洁生产审核工作开展情况汇总

编号	企业简称	所属行业	主体工程	投产时间	主体工程竣工环保验收时间	完成清洁生产审核报告时间	向环保部门提交评估/验收申请时间	完成评估时间	完成验收时间	审核咨询机构名称
1	某葡萄酒公司	葡萄酒制造	15 000 t/a 葡萄原酒生产线	2010.9	2011.11.2	2011.10	2011.11	2011.12.6	正在进行	某环科所

某葡萄酒公司经过清洁生产审核，各项指标均较审核前有了提高，目前企业单位产品污染物产生量或原料消耗量均能达到清洁生产二级水平以上，部分指标可达到清洁生产一级水平。

6.5 环保处罚及突发环境事件

核查企业在核查时段内涉及环保处罚时，需要说明处罚的具体情况、整改的方案，整改后是否满足环保要求。在环境事件部分要明确环境事件情况，说明该次处罚是否引发了环境污染事故，并针对该次处罚或污染物事故采取预防措施，并且措施要有针对性和可操作性。

环保处罚情况：

2013 年 4 月 22 日，某核查企业受到某环境保护局的行政处罚，情况如表 6-11 所示。

表 6-11　某企业环境违法违规情况

企业名称	主要违法行为	违反的法律法规条款	处罚部门	查处时间	处罚内容	采取的整改措施	环保验收情况
某企业	2013 年 3 月 21 日在线数据异常，污水处理设施处于运行状态，曝气池有一根超越管，将曝气池废水打到排口处排放污水	《中华人民共和国水污染防治法》第二十二条第二款规定："禁止私设暗管或者采取其他规避监管的方式排放水污染物"	某环境保护局	2013 年 4 月 22 日	罚款人民币 2 万元	关闭废水排放口，对水解酸化池和曝气池投加氢氧化钠和复合肥，培养生物活性细菌，增强废水的净化能力，并拆除"超越管"，废水处理达标后排放	COD 在线监测数据恢复正常

2013 年 3 月，企业废水排放总口在线 COD 数据异常，根据在建 COD 监测系统显示，废水总排口处 COD 的最大浓度为 470 mg/L，是由于 2013 年 3 月 19 日企业设备检修期间，不慎将生产过程的原料液排入了废水处理站，导致废水处理站进水浓度突然增大，好氧活性细菌受到冲击，处理效率下降；企业废水处理站接触氧化池和二沉池的连接管道位于水池内，出现堵塞，因此在池体上架设了明管，连接接触氧化池和二沉池。

2013 年 3 月 21 日，某环保局对企业开展了现场检查，企业立即关闭了废水处理站的总排水口，使废水停留在废水处理系统内，向水解酸化池和曝气池投加氢氧化钠和复合肥，活化池体内的好氧活性菌群，向废水处理站内加入自来水，稀释高浓度废水，便于活性菌发挥净化效果，恢复废水处理设施的处理能力。通过在线 COD 监测系统的监测数据显示，废水浓度恢复正常后开启了总排口排放废水。同时，企业拆除了连接接触氧化池和二沉池的明管。根据核查时段内某环境保护监测站对企业废水总排口处 COD 因子的监督监测结果，企业废水可满足《污水综合排放标准》（DB 12/356—2008）三级标准要求，达标排放。

2013 年 4 月 22 日，企业接到某环境保护局的行政处罚决定书，企业于 2013 年 5 月 28 日缴纳了罚款。

除 2013 年 4 月企业受到某环保局处罚外，核查时段内，未发生过其他环境违法行为，无其他环境纠纷或违法处罚。

突发环境事件情况：

企业废水排入市政污水管网，最终排入某污水处理厂处理，废水排放满足《污水综合排放标准》（DB 12/356—2008）三级标准（COD 排放限值 500 mg/L），即可满足达标排放要求。由于企业为享受某免缴污水处理费政策，废水处理站的排水水质按《污水综合排放标准》（GB 8978—1996）二级排放标准限值（COD 排放限值 150 mg/L）设计。企业 2013 年 3 月废水处理站出现出水异常现象时，废水的 COD 为 470 mg/L，未超过 DB 12/356—2008 三级排放标准限值，未造成环境污染事故。

为提升企业应对突发情况的能力，企业在其制定的《污水处理站运行操作规程》中增加了水质发生异常时的处理规定，如下：

① 生产、QC（质量控制）、工程非正常生产检验操作的异常排水，排放前应通知工程部部长、运行调度。如非人为控制造成的异常排放，排放发生后应及时通知工程部部长、运行调度。

② 设备维修清洗废液应收集处理后排放。

③ 污水站正常运行过程中，操作人员及时记录在线 COD 数据。

④ 数据超过 200 mg/L 时，运行人员及时通知工程部部长及运行调度。运行人员应将自动操作转到手动操作，降低集水井、调节池水位。

⑤ 数据超过 300 mg/L 时，运行人员及时通知工程部部长及运行调度，工程部相关人员上报公司主管领导（运营总监）。工程部部长及相关人员到污水站现场。

⑥ 数据超过 400 mg/L 时，架设临时泵，再次降低集水井和调节池水位，降低曝气池水位。同时上报环保局监察队，说明情况及解决措施。

⑦ 每周清洗排放。

核查时段内，2013 年 3 月企业废水排放 COD 在线监测数据出现异常，但并未造成环境污染事故，除此之外无其他异常情况发生，核查时段内未发生过环境污染事件。

6.6 环境信息披露情况

对于首次申请上市的企业，需要收集企业核查时段、开展核查期间环境信息披露的媒体、披露的方式和内容。通常情况下，企业的环境信息披露为公司网站自行披露的形式，同时有的企业也进行过报刊形式的公告。

因网络信息公示截图和报刊公告涉及企业具体信息，本书不再给出具体截图实例。

6.7 环保核查绩效及持续改进

核查绩效是核查时段及核查期间所取得的效果汇总，通过核查，促使企业规范环境行为，完善环境管理制度，对不符合环保要求的设施进行整改、改进。

某企业在污染治理方面采取的措施及投资情况见表6-12。

表6-12 某企业环保投入情况一览表

序号	项目名称	投资金额/万元	投产时间或完成时间	是否为针对本次环保核查项目	项目主要内容	取得的效益（经济效益和环境效益）
1	项目一中污水处理设施改扩建	281	2011.1	否	对原有污水处理站进行改扩建，改造后采用"物化絮凝+一级酸化水解+一级接触氧化+二级酸化水解+二级接触氧化+絮凝沉淀"处理工艺，生化池总池容增至1 944 m³	改造后，污水处理站的处理能力增至1 500 m³/d，满足了原有污水及二期新增废水的处理需要，验收监测结果说明，废水均能达标排放，污染物得到大幅削减

序号	项目名称	投资金额/万元	投产时间或完成时间	是否为针对本次环保核查项目	项目主要内容	取得的效益（经济效益和环境效益）
2	项目二中配套废气处理设施	80	2012.9	否	新建 3 套废气处理装置，采用"冷凝器捕集+水喷淋吸收"工艺，对二期项目生产装置废气及原料罐区（二）的呼吸气进行处理（部分含尘废气先经布袋除尘预处理），处理后经 15 m 高排气筒排放	项目二的车间生产废气和罐区呼吸气均得到有效处理，验收监测结果表明，废气均达标排放。同时通过冷凝器对尾气中的物料进行有效回收，可取得一定的经济效益
3	部分罐区雨污分流系统改造	2	2012.6	是	对未进行雨污分流的二车间中间罐区的排水系统进行改造	改造后，确保了罐区在事故状态下产生的污水通过污水管网流入事故池，清洁雨水经厂区雨水管道排入园区雨水管网
4	环保标志牌补充	0.2	2012.8	是	对部分缺少环保标志牌的污染源进行补充	各污染源均有明确环保标志牌，便于员工及监测人员识别

序号	项目名称	投资金额/万元	投产时间或完成时间	是否为针对本次环保核查项目	项目主要内容	取得的效益（经济效益和环境效益）
5	废气处理设施改造	42	2012.5	是	车间一、车间二和车间三的废气处理系统经长时间运行，相关设备逐步老化。在车间一和车间三的废气处理系统中增加一级冷凝器捕集装置；对车间一、车间二和车间三的喷淋吸收塔的填料进行了更换，同时，更换上述废气处理设施的引风机和排气筒	通过增设一级冷凝器捕集装置，提高了尾气中溶剂的回收率，减小了污染物排放量；通过更换老化的填料，提高了喷淋吸收塔的去除率，改造后，废气均达标排放。同时通过冷凝器对尾气中的物料进行有效回收，可取得一定的经济效益
6	调节池和事故池改造	12	2012.11	是	无独立事故池及事故废水切换阀门。故将调节池与事故池之间的过流孔进行封堵，在事故池中增设污水泵，并在污水管线末端增设事故废水切换阀门井	事故状态下的废水经阀门切换进入事故池，不会直接进入废水处理系统，事故废水由池内污水泵均匀排入调节池，避免了对废水处理系统的冲击

序号	项目名称	投资金额/万元	投产时间或完成时间	是否为针对本次环保核查项目	项目主要内容	取得的效益（经济效益和环境效益）
7	危险废物暂存区迁址新建	2.8	2012.11	是	原危险废物暂存区为半封闭结构，面积较小，围挡高度不够。将原危险废物暂存区进行迁址新建，面积由原来20 m² 增至40 m²	新建危险废物暂存区符合《危险废物储存污染控制标准》（GB 18597—2001）、《危险废物收集储存运输技术规范》（HJ 2025—2012），且扩大了危险废物暂存区存储危险废物的存储量

核查时段内，某企业在污染治理方面的总投资为 420 万元，其中，针对本次核查的治理项目 5 项，共计 59 万元。

附　录

关于进一步优化调整上市环保核查制度的通知

（环境保护部文件　环发[2012]118号）

各省、自治区、直辖市环境保护厅（局），新疆生产建设兵团环境保护局，解放军环境保护局，各环境保护督查中心：

为贯彻落实《国务院关于加强环境保护重点工作的意见》和《国务院办公厅关于印发2012年政府信息公开重点工作安排的通知》有关部署，进一步调整优化上市环保核查制度，现将有关事项通知如下：

一、调整优化的思路

进一步完善环保核查制度，精简工作环节，缩短工作时限，突出环保核查重点，强化上市公司环保主体责任，全面推进环境保护信息公开。

二、强化上市公司环境保护主体责任

公司计划上市或再融资需取得环保证明文件的，应向所在地省级或以上环保部门申请上市环保核查，并提交核查申请文件及申请报告（见附件）。申请文件及报告应介绍公司环保理念、环保目标及发展规划，环境管理规章制度及考核、激励措施，采取的降低环境负荷的措施及效果；说明公司与环保核查要求的符合性，并提出环保持续改进计划。

公司应对提交的核查申请文件及申请报告真实性负责，申请文件及申请报告中对公司上市及融资基本情况、与环保核查要求相符性、环境违法情况等方面存在虚假记载、误导性陈述或重大遗漏的，负责主核查的环保部门可以终止环保核查，并在6个月内不再受理该公司的上市环保核查申请。

各级环保部门不得强制要求或变相指定申请核查公司委托第三方中介机构代为准备核查申请文件或申请报告；不得向申请上市环保核查公司违规收费。

三、精简上市环保核查内容和核查时限

对首次上市并发行股票的公司、实施重大资产重组的公司，未经过上市环保核查需再融资的上市公司，将核查内容调整简化为五项，即建设项目环评审批和"三同时"环保验收制度执行情况；污染物达标排放及总量控制执行情况（包括危险废物安全处置情况）；实施清洁生产情况；环保违法处罚及突发环境污染事件情况；企业环境信息公开情况。

对已经过上市环保核查仅再融资的上市公司，以及获得上市环保核查意见后一年内再次申请上市环保核查的公司，将核查内容简化为三项，即募投项目环评审批和验收情况、环保违法处罚及突发环境污染事件、企业环境信息公开情况。

由我部负责主核查的，公司核查申请材料齐全并符合要求，且相关省级环保部门向我部报送初审意见的，我部方予受理。我部上市环保核查工作时限由60个工作日缩短为50个工作日，其中核查公示时间由10天缩短为5天；企业补正材料、整改问题的时间、环保部门调查核实的时间不计入工作时限。

四、加强对上市公司的日常环保监管和后督查

地方相关环保部门要积极配合同级金融及证券监管部门，对计划上市或再融资的上市公司提前辅导，督促其对照上市环保核查要求进行自查自纠，提前整改环保问题。在日常环保监管、开展环保专项行动和处理环境信访过程中对上市公司进行重点检查，发现违法问题要依法查处，不得以多收排污费的方式替代环保处罚。负责主核查的环保部门以公司申请文件及报告为基础，依据日常环保监管情况，开展上市环保核查，出具上市环保核查意见。

在核查过程中，发现公司存在重大环保问题，且属于《关于进一步规范监督管理严格开展上市公司环保核查工作的通知》（环发[2011]14号）规定不予受理或退回核查申请材料情形的，负责主核查的环保部门应作出不予受理或退回核查申请材料的决定，责令主管环保部门依法督促企业整改，并在环保后督查时检查公司整改落实情况。

发现公司存在其他环保问题且不能在核查过程中整改完毕的，负责主核查的环保部门应责令其依法整改，在核查意见中说明情况，提出环保监管要求，并将公司环保整改方案及时间表向社会公开。

各省级环保部门要对上市公司开展环保后督查，督促其切实整改到位；对于未履行整改承诺、未按期纠正环境违法行为的公司依法处罚。我部组织各环境保护督查中心对上市公司开展环保后督查，检查公司环保要求落实情况，并根据后督查情况，适时发布通报。

五、持续加大上市公司环境信息公开力度

各级环保部门要继续做好核查工作制度公开、过程公开和结果公开。公开上市环保核查规章制度，包括核查程序、办事流程、时间要求、申报方式、联系方式等；核查过程中，公开核查工作信息并动态更新，包括受理时间、进展情况等；核查结束后，公开核查意见及结论。

环保部门逐步公开对上市公司的日常环保监管信息，如建设项目环评批复和环保验收文件、监督性监测数据、主要污染物排放情况（包括在线监测数据）、污染物排放总量控制指标、环保处罚情况等。

在上市环保核查期间，申请核查公司应在其网站公开核查申请文件及申请报告；属于再次申请上市环保核查的，还应当公开对上次环保核查要求（包括整改承诺）的落实情况。上市环保核查结束后，申请核查公司应在其网站公开持续改进环境行为的承诺；向环保部门承诺整改环保问题的，还应披露整改方案、进度及结果等信息。属于强制开展清洁生产审核的企业，还应依照《清洁生产促进法》和《环境信息公开办法（试行）》，披露企业基本信息、主要污染物排放情况、环保设施建设运行情况、环境污染事故应急预案以及清洁生产审核情况等信息。

本通知自发布之日开始执行。我部发布的《关于对申请上市的企业和申请再融资的上市企业进行环境保护核查的通知》（环发[2003]101 号）、《关于进一步规范重污染行业生产经营公司申请上市或再融资环境保护核查工作的通知》（环办[2007]105 号）、《关于加强上市公司环境保护监督管理工作的指导意见》（环发[2008]24 号）、《关于印发〈上市公司环保核查行业分类管理名录〉的通知》（环办函[2008]373 号）、《关于进一步严格上市环保核查管理制度加强上市公司环保核查后督查工作的通知》（环发[2010]78 号）、《关于进一步规范监督管理严格开展上市公司环保核查工作的通知》（环办[2011]14 号）等文件中，与本通知规定不一致的，按本通知执行。

附件：上市环保核查申请文件及申请报告的内容与格式要求

环境保护部

2012 年 10 月 8 日

抄送：审计署、证监会。

附件

关于对某公司开展上市环保核查的申请

环境保护部（某省环境保护厅）：

某公司拟首次公开发行 A 股并上市（或其他上市、融资形式），现向你部（厅）申请上市环保核查。我司按照环境保护部上市环保核查有关规定，全面开展了自查，现将有关情况汇报如下：

一、公司的发展历史沿革

简要说明申请公司的发展历史沿革。

二、主营业务及规模

简要说明申请公司的经营范围、主营业务及规模。

三、上市、融资等基本情况

说明公司上市、融资等基本情况；说明募集资金用途及数额，如有募投项目，简要介绍募投项目情况。

四、公司环保理念和方针

介绍公司环保理念、环保目标及发展规划，介绍公司环境管理规章制度及激励措施，介绍公司采取的降低环境负荷的措施以及取得的效果。

五、与上市环保核查要求的符合性

明确本公司不存在上市环保核查不予受理的违法情形，分析是否符合上市环保核查各项要求。保证本申请文件及所附申请报告的真实性、准确性、完整性，承诺不存在虚假记载、误导性陈述或重大遗漏，并承担相应责任。

六、联系方式

公司地址、邮编：

联系人（名称及职务）：

联系电话（包括手机号、传真号等）：

电子信箱：

附录 A：首次环保核查申请报告编制内容与格式

附录 B：再次环保核查申请报告编制内容与格式

主送：环境保护部

抄送：某省环境保护厅

印发日期

附录 A

首次环保核查申请报告编制内容与格式

（适用于首次上市并发行股票的公司、实施重大资产重组的
上市公司和未经过上市环保核查需再融资的上市公司）

1　申请核查公司基本情况

1.1　核查范围内企业概况

核查范围内企业是指申请核查公司上市范围内从事重污染行业的生产企业，重污染行业按照《关于印发〈上市公司环保核查行业分类管理名录〉的通知》（环办函[2008]373 号）认定。

说明核查范围内企业情况，包括：企业名称、所在省市、与申请核查公司的关系、投产时间、所属行业等，并参照表 1 列出。

表 1　××公司核查范围内企业概况

序号	企业名称	所在省市	与申请核查公司的关系	投产时间	所属行业①	是否为重点监控企业②
1						
2						
……						

注：① 按照《关于印发〈上市公司环保核查行业分类管理名录〉的通知》（环办函[2008]373 号）的分类填写；

　　② 注明重点监控企业类型（废水、废气）。

说明核查范围内各企业原辅料使用情况，现有主要工程、核查时段内逐年产品、产量情况，介绍主要生产工艺及产排污环节，参照表 2、表 3 列出，可附流程图。

表2 企业工程情况表

类 别	名 称	内 容①	状 态②
主要生产线			
公用工程			

注：① 内容栏应填写产品及规模、主要生产工艺；
  ② 状态栏填写在建、投产、停产等。

表3 企业产品、产量

产品名称	批复产量①	核查时段内产量①（单位）		
		年 度1	年 度2	年 度3

注：① 也可表述为原料处理能力。

1.2 核查范围内企业毗邻情况

简要介绍各企业毗邻情况，如饮用水水源保护区、自然保护区、居民区、村庄、农田、河流、工业区等，说明毗邻环境敏感目标的名称、相对于本厂区的方位、距离；毗邻工厂的，还应说明该工厂生产产品、特征污染物等；毗邻居民区和村庄的，还应说明居民区或村庄人口规模等。毗邻饮用水水源保护区、自然保护区的，还应说明是否符合相关法律法规要求。可参照表4列表说明。

企业设置了卫生防护距离的，应介绍卫生防护距离内现有居民情况（如有居民）。

根据毗邻情况，明确是否符合相关环保法律法规要求。

表 4　企业毗邻情况统计表

序号	企业名称	环境要素	环境敏感目标	与企业的方位	距最近厂界距离/m	敏感目标性质	环境质量标准
1			1				
			2				
			3				
			……	……			……

2　环境影响评价和"三同时"制度执行情况

说明企业现有工程执行环境影响评价和"三同时"制度情况。参照表 5 列出。属于募集资金投向项目的，应注明。

表 5　企业环境影响评价和"三同时"制度执行情况

序号	生产线名称	产品名称	环境影响评价				投产时间	竣工环境保护验收			运行状态
			审批部门	批准文号	批准时间	规模①		审批部门	批准文号	批准时间	
……											

注：① 规模可表示为产品产量或原料处理能力。

说明环评审批文件、环保验收意见中环保要求的落实情况，参照表 6、表 7 列出。

表 6　企业环境影响评价文件批复意见落实情况一览表

序号	建设项目名称	环评批复意见提出的环保要求	实际落实情况（未落实的说明原因）	附件编号
1				
2				
……				

表7 企业竣工环境保护验收意见落实情况一览表

序号	建设项目名称	竣工环境保护验收意见提出的环保要求	实际落实情况（未落实的说明原因）	附件编号
1				
2				
……				

3 达标排放、总量控制、工业固体废物处理处置情况

3.1 主要产污环节及环保设施

介绍核查范围内各企业主要污染产生源、污染防治及综合利用设施，附现场照片，并参照表8至表10列出。企业涉及重金属污染排放源的需说明重金属污染治理设施建设与运行情况。

表8 企业主要废气污染源及防治设施一览表

序号	产生废气设施或工序①	有组织源/无组织源	主要废气污染物	废气污染防治设施						排气筒高度/m
				设施名称	台（套）数	处理工艺	处理能力	设计运行时间/（h/a）	实际运行时间/（h/a）	
……										

注：① 没有防治设施的污染源也应列出。

表9 企业主要废水污染源及防治设施一览表

序号	废水类型①	主要污染物	产生设施或工序	产生形式（连续/间断）	废水污染防治设施						外排去向②
					设施名称	台（套）数	处理工艺	处理能力	设计运行时间/（h/a）	实际运行时间/（h/a）	
……											

注：① 没有防治设施的污染源也应列出；
② 外排去向应说明企业所有排水口的排水去向及受纳水体功能。

表 10 企业主要噪声源及防治设施一览表

序号	产生高噪声设施或工序①	主要噪声源设备	台数	降噪设施
……				

注：① 没有防治设施的污染源也应列出。

3.2 核查企业污染物排放情况

说明企业污染源监测计划及执行情况。说明污染物达标排放情况，参照表 11 至表 14 列出。企业涉及重金属污染排放源的需说明重金属污染物达标排放情况。

表 11 企业有组织废气污染物排放情况

产生废气设施或工序	核查年度	监测日期	监测单位	污染物	执行标准及级别	浓度		排放速率		是否达标
						监测值	标准值	监测值	标准值	
污染源 1	年度 1			污染物 1						
	……									

表 12 企业无组织废气污染物排放情况

核查年度	监测日期	监测单位	污染物	执行标准及级别	监测浓度				标准值	是否达标
					上风向	下风向 1	下风向 2	下风向 3		
年度 1			污染物 1							
			……							

表 13　企业废水污染物排放情况

污染源	核查年度	监测日期	监测单位	执行标准及级别	年废水排放总量	单位产品排水量		污染物	浓度/（mg/L）		受纳水体功能	是否达标
						实际值	标准值		监测值	标准值		
监测点1……	年度1……					……		污染物1				

表 14　企业厂界噪声排放情况

监测点	核查年度	监测日期	监测单位	执行标准及级别	昼间噪声/dB（A）		夜间噪声/dB（A）		是否达标
					监测值	标准值	监测值	标准值	
监测点1……	年度1……								

对设置自动监控系统的污染源，根据自动监测数据和图件，给出核查时段内监测数据最大值、逐月监测数据日均值的范围，并说明其达标排放情况。

3.3　危险废物及一般工业固体废物排放情况

说明各企业危险废物、一般工业固体废物的产生量、储存（暂存）情况、处理（处置）量、处理（处置）方式等情况，并参照表15列出。

表 15　企业固废（危废）处理、处置情况

序号	废物名称（危废名称及类别）	核查年度	产生量/（t/a）	储存（暂存）情况①	处理（处置）量/（t/a）	处理方式（及去向）	处理率/%
			……				
……							

注：① 说明一般工业固体废物和危险废物储存（暂存）、处置设施情况、储存（暂存）量，并分析与环保技术规范的符合性。

3.4　污染物排放总量控制情况

3.4.1　污染物排放总量控制

说明企业污染物排放总量指标及符合情况，参照表 16 列出。说明实际排放量数据依据。

表 16　企业污染物排放总量控制情况　　单位：t/a

控制项目	年度 1		年度 2		年度 3	
	总量指标	实际排放量	总量指标	实际排放量	总量指标	实际排放量
COD						
NH_3-N						
SO_2						
NO_x						
……						

3.4.2　污染物排放总量削减

说明企业污染物排放总量减排要求落实情况，参照表 17 列出。

表 17　企业污染物排放总量减排要求落实情况

核查年度	总量减排文件（名称和文号）	减排要求	主要减排措施	实施情况及效果	污染物减排要求是否完成
年度 1					
……					

4　清洁生产实施情况

说明企业清洁生产实施情况，并参照表 18 列出。说明清洁生产审核提出的中高费方案的落实情况。

表 18　企业清洁生产审核实施情况

企业名称	所属行业	主体工程投产时间	主体工程竣工环境保护验收时间*	完成清洁生产审核报告时间	向主管部门提交评估/验收申请时间	完成评估时间	完成验收时间	审核咨询机构名称

注：* 对于试生产时间较长的新建企业，其主体工程竣工环保验收时间可以调整为建成或投入试运行的时间。

5　环保处罚及突发环境事件

5.1　环境纠纷及违法处罚情况

企业核查时段内存在环境纠纷的，应说明涉及的环境问题及处理情况。

核查时段内企业发生环境违法行为的，应说明违法情形、违反的法律条款，开展的整改措施及整改结果；受到环保部门处罚的，应说明处罚情况。可参照表 19 列出。

表 19　企业环境违法违规情况

企业名称	主要违法行为	违反的法律法规条款	处罚部门	查处时间	处罚内容	采取的整改措施	环保验收情况

企业因环境违法被媒体曝光、被采取行政强制措施、被诉讼、受到刑事处罚的，应说明相关情况。

5.2　突发环境事件

5.2.1　企业环境风险防范情况

对存在重大危险源的企业，说明主要环境风险防范措施、应急预案以及应急物资储备情况，包括环境风险防范措施设置是否符合要求、完备并处于正常状况，环境风险应急预案是否合理、完善、有效，并予以落实，可参照表 20 列出；并附现场照片。

如果环境风险防范措施和应急预案不完备的，需详细说明整改情况。

表 20　企业环境风险防范情况

企业名称	装置名称	危险物质	危险物质储存量/t	主要环境风险防范设施			环境风险应急预案		应急物资储备	
				建设内容	是否完善	是否处于正常状态	制订和演练情况	是否完善	储备位置	储备内容

5.2.2　如实描述企业在核查时段内发生的环境事件及处理情况

6　环境信息披露情况

分年度说明核查时段内上市公司及企业环境信息披露情况，包括披露时间、披露形式和媒体、披露信息的主要内容等。应提供相关材料作为附件。

6.1　公司应当披露的环境信息

核查范围内企业属于强制开展清洁生产审核企业的，应依照《清洁生产促进法》和《环境信息公开办法（试行）》，披露企业基本信息、污染物排放情况、环保设施建设运营情况、环境污染事故应急预案以及清洁生产审核情况等信息。

公司向环保部门承诺环保整改的（尤其上次上市环保核查承诺开展环保整改的），应披露整改方案、进度及整改结果等信息。

6.2　公司主动公开的环境信息

公司主动编制环境报告书等，公开公司环保管理规章制度、环保方针、环保投入、环境绩效等环境信息。

7　环保核查绩效及持续改进

7.1　环保核查绩效

结合核查企业所属行业环保特点，说明企业开展的环保整改情况（包括环保核查时段内及针对本次环保核查整改的问题），提供整改方案、进展情况、资金投入、整改取得的环境效益和经济效益等。可参照表21列出。

表21   ××公司核查时段内环保整改及绩效情况

序号	企业名称	项目名称	投资金额	投产时间或完成时间	是否为针对本次环保核查项目	项目主要内容及取得效果
合计	—	—	—	—		

7.2   持续改进

通过对公司环境现状的分析，提出进一步提高核查企业环境管理及环境保护水平的持续改进计划。

8   核查结论

明确公司是否符合上市环保核查要求。

9   附件

附件应分类整理并加注编号、编制目录，同一类别的附件应按时间顺序排列，做到整洁清晰、完整、真实，并与报告内容对应。主要附件包括：

（1）环境影响评价和竣工环境保护验收相关文件；

（2）污染物排放总量控制指标分配相关文件；

（3）污染物减排任务相关文件；

（4）监测报告及图件；

（5）一般固体废物和危险废物综合利用和处理处置合同（协议）、处理处置单位资质、危险废物转移联单等；

（6）有代表性的环保设施运行记录文件；

（7）环境处罚、环境纠纷、污染事故处罚及整改完成确认文件；

（8）清洁生产审核评估验收文件；

（9）企业环境信息公开有关材料；

（10）公司首发并上市方案、上市公司重大资产重组方案或再融资方案；

（11）其他。

附录 B

再次环保核查申请报告编制内容与格式

（适用于已经过上市环保核查本次申请再融资的上市公司、获得上市环保核查意见后一年内再次申请上市环保核查的公司）

1　申请核查公司核查范围内企业概况

核查范围内企业是指申请核查公司上市范围内从事重污染行业的生产企业，重污染行业按照《关于印发〈上市公司环保核查行业分类管理名录〉的通知》（环办函[2008]373 号）认定。

说明核查范围内企业情况，包括：企业名称、所在省市、与申请核查公司的关系、投产时间、所属行业等，并参照表 1 列出。核查范围内企业属于公司上市环保核查后新增企业的，应予注明。

表 1　××公司核查范围内企业概况

序号	企业名称	所在省市	与申请核查公司的关系	投产时间	所属行业[①]	是否为重点监控企业[②]
1						
2						
……						

注：① 按照《关于印发〈上市公司环保核查行业分类管理名录〉的通知》（环办函[2008]373号）的分类填写；
　② 注明重点监控企业类型（废水、废气）。

2　募投项目环评批复及验收情况

说明本次拟募集资金用途及数额，如有募投项目应列表说明项目名称、所属企业、项目核准情况、环评批复文号、批复的环保部门、建设情况（前期、在建、生产情况）及投资总额；如项目已投产，应说明环保验收情况。同时，应明确募投项目是否在核查范围内。

表2 ××公司募集资金投向项目概况

序号	项目名称	所属企业	项目核准情况	环评批复文号	批复的环保部门	投资总额	状态（前期、在建、投运）	是否在核查范围内
合计	—		—	—	—		—	—

3 环保处罚及突发环境事件

3.1 环境纠纷及违法处罚情况

企业核查时段内存在环境纠纷的，应说明涉及环境问题及处理情况。

核查时段内企业发生环境违法行为的，应说明违法情形、违反的法律条款，开展的整改措施及整改结果；受到环保部门处罚的，应说明处罚情况。可参照表3列出。

表3 企业环境违法违规情况

企业名称	主要违法行为	违反的法律法规条款	处罚部门	查处时间	处罚内容	采取的整改措施	环保验收情况

企业因环境违法被媒体曝光、被采取行政强制措施、被诉讼、受到刑事处罚的，应说明相关情况。

3.2 突发环境事件

3.2.1 企业环境风险防范情况

对存在重大危险源的企业，说明主要环境风险防范措施、应急预案以及应急物资储备情况，包括环境风险防范措施设置是否符合要求、完备，并处于正常状况，环境风险应急预案是否合理、完善、有效，并予以落实，可参照表4列出；并附现场照片。

如果环境风险防范措施和应急预案不完备的，需详细说明整改情况。

表4 企业环境风险防范情况

企业名称	装置名称	危险物质	危险物质储存量/t	主要环境风险防范设施			环境风险应急预案		应急物资储备	
				建设内容	是否完善	是否处于正常状态	制订和演练情况	是否完善	储备位置	储备内容

3.2.2 如实描述企业在核查时段内发生的环境事件及处理情况

4 环境信息披露情况

分年度说明核查时段内上市公司及企业环境信息披露情况，包括披露时间、披露形式和媒体、披露信息的主要内容等。应提供相关材料作为附件。

4.1 公司应当披露的环境信息

核查范围内企业属于强制开展清洁生产审核企业的，应依照《清洁生产促进法》和《环境信息公开办法（试行）》，披露企业基本信息、污染物排放情况、环保设施建设运营情况、环境污染事故应急预案以及清洁生产审核情况等信息。

公司向环保部门承诺环保整改的（包括上次环保核查公司作出的整改承诺），应披露整改方案、进度及整改结果等信息。

4.2 公司主动公开的环境信息

公司主动编制环境报告书等，公开公司环保管理规章制度、环保方针、环保投入、环境绩效等环境信息。

5 环保核查绩效及持续改进

5.1 环保核查绩效

结合核查企业所属行业环保特点，说明企业开展的环保整改情况（包括针对本次环保核查整改的问题及上次上市环保核查承诺整改情况），提供整改方案、进展情况、资金投入、整改取得的环境效益和经济效益等。可参照表 5 列出。

表 5　××公司环保整改及绩效情况

序号	企业名称	项目名称	投资金额	投产时间或完成时间	项目来源①	项目主要内容及取得效果
合计	—					

注：① 说明是针对本次环保核查开展的整改项目或是上次上市环保核查承诺整改的项目。

5.2 持续改进

通过对公司环境现状的分析，提出进一步提高核查企业环境管理及环境保护水平的持续改进计划。

6   核查结论

明确公司是否符合上市环保核查要求。

7   附件

附件应分类整理并加注编号、编制目录，同一类别的附件应按时间顺序排列，做到整洁清晰、完整、真实，并与报告内容对应。主要附件包括：

（1）环境影响评价和竣工环境保护验收相关文件；

（2）环境处罚、环境纠纷及污染事故处罚及整改完成确认文件；

（3）企业环境信息公开有关材料；

（4）公司上市发行或上市公司再融资方案；

（5）其他。

附录2

关于进一步规范监督管理　严格开展上市公司
环保核查工作的通知

（环境保护部办公厅文件　环办[2011]14号）

各省、自治区、直辖市环境保护厅（局），新疆生产建设兵团环境保护局：

近来，各地认真开展上市环保核查工作，深入现场检查和后督查，促进企业加强环保工作，推动企业转变发展方式，取得积极成效。为进一步规范上市环保核查工作，现将有关要求通知如下：

一、规范上市环保核查工作程序

由环境保护部负责主核查的公司，应先取得相关省级环保部门的核查初审意见。省级环保部门出具的核查初审意见应主送环境保护部办公厅，同时抄送申请公司；在所有相关省级环保部门出具同意通过核查初审的意见后，环境保护部才受理公司的上市环保核查申请。

省级环保部门负责主核查的公司跨省生产的，主核查的省级环保部门应请相关省级环保部门协助核查，相关省级环保部门应向主核查的省级环保部门出具核查初审意见。

二、严格上市环保核查工作时限

各级环保部门要进一步增强服务意识，努力提高上市环保核查工作效率，在规定时限内完成核查工作。

在收到公司提交的申请材料之日起10个工作日内，负责主核查的环保部门应作出是否受理的决定并及时告知申请公司。在受理之日起 30 个工作日内，负责核查初审的省级环保部门应向环境保护部或主核查省级环保部门出具核查初审意见。在受理之日起 50 个工作日内，负责主核查的环保部门应组织完成核查并出具核查意见。

三、加强对企业环保违法行为的监督管理

一是对申请核查前一年内发生过严重环境违法行为的企业，各级环保部门应不予受理其核查申请，包括：发生过重大或特大突发环境事件，未完成主要污染物总量减排任务，被责令限期治理、限产限排或停产整治，受到环境保护部或省级环保部门处罚，受到环保部门 10 万元以上罚款等。本条规定自本通知发布之日起 6 个月后开始实施。

二是在核查过程中，公司仍存在以下违法情形尚未得到改正的，环保部门应退回其核查申请材料，并在 6 个月内不再受理其上市环保核查申请：违反环境影响评价审批和"三同时"验收制度，违反饮用水水源保护区制度有关规定，存在重大环境安全隐患，未完成因重金属、危险化学品、危险废物污染或因引发群体性环境事件而必须实施的搬迁任务。

三是严厉处罚弄虚作假行为。核查过程中，如发现公司存有弄虚作假、故意隐瞒重大违法事实的行为，各级环保部门应及时终止核查，且在 1 年内不再受理其上市环保核查申请。对于存有弄虚作假、故意隐瞒企业重大违法事实行为的上市环保核查技术咨询单位，省级及以上环保部门应予通报批评，并在 2 年内不再受理其编制的技术报告；环境保护部将撤销相关责任人员证书。

四、加大对企业环境安全隐患的排查和整治力度

省级环保部门在核查过程中，要加大对企业环境安全隐患的现场排查和督促整改力度。尤其是对于涉重金属、危险化学品和尾矿

库的企业，要安排经验丰富的人员加强现场检查，发现问题及时要求企业整改。对于存在重大环境问题的企业，须待其全部完成整改且经现场核实后，才可出具同意的核查初审意见或核查意见。

二〇一一年二月十四日

主题词：环保上市公司环保核查通知

抄送：中国证监会，各环境保护督查中心，各上市环保核查技术咨询单位。

附录 3

关于福建省安溪闽华电池有限公司是否需要进行
上市公司环保核查意见的复函

（环境保护部办公厅函　环办函[2011]158 号）

福建省环境保护厅：

　　你厅《关于福建省安溪闽华电池有限公司是否需要进行上市公司环保核查的请示》（闽环保防[2011]5 号）收悉。经研究，函复如下：

　　一、重金属排放企业是上市环保核查工作的重点。2003 年 6 月，原国家环境保护总局印发《关于对申请上市的企业和申请再融资的上市企业进行环境保护核查的通知》（环发[2003]101 号），要求对冶金等 13 个行业的上市公司开展环保核查。2008 年 6 月，我部印发《关于印发〈上市公司环保核查行业分类管理名录〉的通知》（环办函[2008]373 号），进一步明确了上市环保核查的行业分类，将有色金属采选、冶炼、制造、加工以及金属表面处理等涉重金属排放的行业，列入上市环保核查工作范围。

　　二、国务院明确要求严格开展重金属排放企业的上市环保核查。为进一步加强重金属污染防治，2009 年 11 月，国务院办公厅印发《国务院办公厅转发环境保护部等部门关于加强重金属污染防治工作指导意见的通知》（国办发[2009]61 号，以下简称《通知》），将含铅蓄电池等行业确定为重金属污染防控的重点行业，同时明确要求"严格上市公司环保核查。完善公司首次上市或再融资、资本重组环保核查制度。对不符合环保法律法规及相关政策的重金属排放企业，证监会不得受理其上市融资申请"。

三、鉴于上述情况，为深入贯彻落实《通知》精神，促进重金属污染防治工作，提出意见如下：

（一）对于涉重金属排放的电池（包括含铅蓄电池）、印刷电路板等行业的公司，应依公司申请严格开展上市环保核查。核查过程中，应加强对重金属排放企业的现场检查，认真排查环境安全隐患，加大督促整改力度。待企业全部完成问题整改并经核实后，才可出具同意的核查意见。

（二）重金属排放企业的上市环保核查工作由其所在地省级环保部门负责；涉及跨省生产经营的，由提出核查申请公司的所在地省级环保部门负责主核查，并函请相关省级环保部门出具核查初审意见；主核查意见应同时抄报环境保护部。

（三）根据来函所述情况，福建省安溪闽华电池有限公司属于重金属排放企业，你厅应依其申请，严格按上述要求和相关规定开展上市环保核查工作。

特此函复。

二〇一一年二月十五日

主题词：环保　上市环保核查　复函

抄送：中国证监会办公厅，各省、自治区、直辖市环境保护厅（局），新疆生产建设兵团环境保护局。

附录4

关于进一步严格上市环保核查管理制度
加强上市公司环保核查后督查工作的通知

（环境保护部文件　环发[2010]78号）

各省、自治区、直辖市环境保护厅（局），新疆生产建设兵团环境保护局，华北、华东、华南、西北、西南、东北环境保护督查中心：

　　近年来，上市环保核查工作逐步完善，规章制度不断健全，技术程序不断规范，核查内容不断深入，社会影响不断扩大，推动了上市公司持续改善环境行为，有效提升了上市公司的环境保护水平。上市环保核查已经成为全面审视企业环境行为的有效载体，成为工业污染防治工作的重要抓手，成为环境保护优化经济增长的有效途径，正在成为一项重要的环境管理制度。

　　但是，随着核查工作的深入开展，一些问题也逐渐暴露出来。部分地方环保部门现场检查不够充分，对上市公司的环保后督查不够深入，极个别省级环保部门还违反分级核查管理规定，越权为企业出具上市环保核查意见，严重干扰了上市环保核查工作秩序。为进一步做好上市环保核查工作，现将有关要求通知如下：

　　一、**严格执行上市环保核查各项规定。** 各省级环保部门要以高度认真负责的态度严格审核、严格把关，通过环保核查督促企业发现问题、解决问题，在开展环保核查时，未经现场检查不得出具核查意见。核查过程中，重点检查是否按期完成主要污染物总量减排任务、是否按期淘汰落后产能、是否依法履行环评手续和通过环保验收、是否依法按要求完成清洁生产审核及评估验收、是否按期完成重金属污染防治任务以及是否实现稳定达标排放等情况。对于存在重大环保问题的企业，应在其完成整改之后方可出具意见。

二、**严格遵守上市环保核查分级管理制度**。各省级环保部门应严格执行我部《关于进一步规范重污染行业生产经营公司申请上市或再融资环境保护核查工作的通知》（环办[2007]105 号）规定，不得越权直接出具核查意见。按分级核查管理规定，各省级环保部门需直接向国务院证券监督管理机构或申请上市环保核查公司出具核查意见时，应同时抄报环境保护部。凡越权核查的，我部将予通报批评并上收该省环保部门上市公司环保核查权限。

三、**建立完善上市环保核查后督查制度**。对于通过环保核查的上市公司，各省级环保部门应建立完善上市公司环保核查后督查管理制度，每两年组织开展一次系统深入的后督查工作，重点检查公司承诺限期完成整改的环境问题。环境保护部环保督查中心应按照我部统一部署、统一要求，在我部确定的范围内开展上市环保核查后督查。各省级环保部门和督查中心对上市公司的环保情况应进行现场检查，逐一查看污染治理设施和相关监控设备，认真核实企业存在的环保问题，按照有关规定做好现场笔录。各省级环保部门和各督查中心应将后督查情况及时报告我部，由我部统一向社会发布后督查信息。

四、**完善上市公司环境信息披露机制**。各省级环保部门应督促辖区内上市公司认真执行我部关于企业环境信息公开的相关规定，督促企业及时、完整、准确地披露环境信息、发布年度环境报告书。上市公司的年度环境报告书应包括产业政策、环评和"三同时"制度、达标排放和总量控制、排污申报和缴纳排污费、清洁生产审核、重金属污染防治、环保设施运行、有毒有害物质使用和管理、环境风险管理等环境管理制度的执行情况。各省级环保部门应将上市公司主动披露环境信息和发布年度环境报告书的情况，作为上市环保核查的重要内容。

五、加大上市环保核查信息公开力度。各省级环保部门应将上市环保核查的程序向社会公布。负责核查的省级环保部门应在当地主要媒体和环保部门网站公示核查情况，上市环保核查技术报告应同时在环保部门网站公开，以便公众查阅。为进一步加大信息公开力度，我部将建立上市环保核查公告制度，每季度公开通过我部和各省级环保部门环保核查的企业名单，每年公布我部和各省级环保部门环保后督查结果。各省级环保部门应于每季度第一个月的 15 日前，按附件要求将上一季度本省直接向国务院证券监督管理机构或申请公司出具核查意见的情况报告我部。

近期，我部将发布 2005 年以来通过上市环保核查的公司清单。请各省级环保部门于 2010 年 7 月 31 日前，将 2005 年以来和今年第一、第二季度上市公司环保核查情况，按照附件要求报告我部。

联系人：污染防治司　王晓密
电话：（010）66556277
传真：（010）66556244
邮箱：wang.xiaomi@mep.gov.cn

附件：省（区、市）直接出具环保核查意见的上市公司基本情况统计表

二〇一〇年七月八日

主题词：环保　上市环保核查后督查　通知

附录5

关于重污染行业生产经营公司
IPO 申请申报文件的通知

（发行监管函[2008]6 号）

各保荐人：

根据国家环保总局文件《关于对申请上市的企业和申请再融资的上市企业进行环境保护核查的规定》（环发[2003]101 号）和国家环保总局办公厅文件《关于进一步规范重污染行业生产经营公司申请上市或再融资环境保护核查工作的通知》（环发[2007]105 号）的相关规定和发行审核工作的实际情况，现对重污染行业生产经营公司首发申请受理工作的有关事项通知如下：

从事火力发电、钢铁、水泥、电解铝行业和跨省从事环发[2003]101 号文件所列其他重污染行业生产经营活动的企业申请首次公开发行股票的，申请文件中应当提供国家环保总局的核查意见，未取得相关意见的，不受理申请。

中国证券监督管理委员会发行监管部
二〇〇八年一月九日

附录6

关于加强上市公司环境保护监督管理工作的指导意见

（国家环境保护总局文件　环发[2008]24号）

各省、自治区、直辖市环保局（厅），副省级城市环保局，新疆生产建设兵团环保局，中国人民解放军环保局：

为贯彻落实《国务院关于落实科学发展观　加强环境保护的决定》（国发[2005]39号）关于企业应当公开环境信息和《国务院关于印发节能减排综合性工作方案的通知》（国发[2007]15号）关于加强上市公司环保核查的要求，按照《环境信息公开办法（试行）》（国家环保总局令第35号）、《关于对申请上市的企业和申请再融资的上市企业进行环境保护核查的通知》（环发[2003]101号）、《关于进一步规范重污染行业生产经营公司申请上市或再融资环境保护核查工作的通知》（环办[2007]105号），以及《上市公司信息披露管理办法》（中国证券监督管理委员会令第40号）、《关于重污染行业生产经营公司IPO申请申报文件的通知》（中国证券监督管理委员会发行监管函[2008]6号）等规定，引导上市公司积极履行保护环境的社会责任，促进上市公司持续改进环境表现，争做资源节约型和环境友好型的表率，现提出以下意见：

一、进一步完善和加强上市公司环保核查制度

国家环保总局自2001年以来，开展了重污染行业上市公司的环保核查工作，对于促进重污染行业上市公司遵守国家环保法律法规，降低因环境污染带来的投资风险等发挥了作用。

2007年，国家环保总局颁布实施了《关于进一步规范重污染行

业生产经营公司申请上市或再融资环境保护核查工作的通知》（环办[2007]105 号）以及《上市公司环境保护核查工作指南》，对从事火力发电、钢铁、水泥、电解铝行业的公司和跨省从事其他重污染行业生产经营的公司明确了环保核查程序要求，进一步规范和推动了环保核查工作。地方各级环保部门也陆续开展了上市公司环保核查工作，收到了很好的效果。

为进一步加强上市公司环保核查工作，国家环保总局将继续完善上市公司环保核查相关规定，严把上市公司环保核查关口，健全环保核查专家审议机制，加强对上市公司以及相关技术单位的培训，拓宽公众参与和社会监督渠道，加大宣传力度。

省级环保部门要严格执行上市公司环保核查制度，做好辖区内由其负责核查的上市公司环保核查工作，并对国家环保总局负责核查的上市公司提供相关意见，同时建立上市环保核查工作档案。对于核查时段内严重违反国家环保法律法规和产业政策、发生重大环境污染事故且造成严重后果以及在核查过程中弄虚作假的上市公司，不得出具环保核查意见。对于核查中发现的问题，应督促企业按期整改。

省级环保部门要加强与证券监管机构的协调配合，建立信息通报机制，及时将上市公司环保核查相关情况通报给相关证券监管机构。

二、积极探索建立上市公司环境信息披露机制

为促进上市公司特别是重污染行业的上市公司真实、准确、完整、及时地披露相关环境信息，增强企业的社会责任感，国家环保总局将与中国证监会建立和完善上市公司环境监管的协调与信息通报机制。

国家环保总局将按照《环境信息公开办法（试行）》等有关规定，

推进和监督上市公司公开环境信息。地方各级环保部门应当将未按规定披露环境信息的上市公司名单，逐级上报国家环保总局，同时依法严格保守公司的商业秘密和技术秘密。

国家环保总局将按照上市公司环境信息通报机制，对未按规定公开环境信息的上市公司名单，及时、准确地通报中国证监会。由中国证监会按照《上市公司信息披露办法》的规定予以处理。

上市公司的环境信息披露，分为强制公开和自愿公开两种形式。

发生可能对上市公司证券及衍生品种交易价格产生较大影响且与环境保护相关的重大事件，投资者尚未得知时，上市公司应当立即披露，说明事件的起因、目前的状态和可能产生的影响。"重大事件"主要包括：

——新公布的环境法律、法规、规章、行业政策可能对公司产生重大影响的；

——公司因为环境违法违规被环保部门调查，或者受到刑事处罚、重大行政处罚的；

——公司有新、改、扩建具有重大环境影响的建设项目等重大投资行为的；

——由于环境保护方面的原因，公司被有关人民政府或者有关部门决定限期治理或者停产、搬迁、关闭的；

——公司由于环境问题涉及重大诉讼或者主要资产被查封、扣押、冻结或者被抵押、质押的；

——《环境信息公开办法（试行）》规定并可能对上市公司证券及衍生品种交易价格产生较大影响的其他有关环境的重大事件。

广大股民、媒体和社会各界有权举报上市公司未按规定披露环境信息的行为。

国家鼓励上市公司定期自愿披露其他环境信息，推动企业主动承担社会环境责任。

国家环保总局将与证监会探索进一步完善上市公司环境信息披露的监管机制。

三、开展上市公司环境绩效评估研究与试点

国家环保总局将探索建立上市公司环境绩效评估制度，组织研究上市公司环境绩效评估指标体系，选择比较成熟的板块或高耗能、重污染行业适时开展上市公司环境绩效评估试点，建立上市公司环境绩效评估信息系统，编制并公开发布上市公司年度环境绩效指数及综合排名，为广大股民、投资机构提供上市公司环境绩效的"大盘"信息，营造广大股民和媒体对上市公司开展"绿色监督"的社会氛围。

四、加大对上市公司遵守环保法规的监督检查力度

地方各级环保部门要切实加强对上市公司特别是重污染行业上市公司遵守环保法律法规的监督检查。要保证对上市公司巡查和监督性监测频次，督促其污染治理设施正常运行，污染物排放稳定达标。要按照《环境信息公开办法（试行）》，及时向社会公开对上市公司的环境行政处罚情况；公开拒不执行环境行政处罚决定、超标或超总量排放污染物、发生重大或特大环境污染事件的上市公司名单等信息。

二〇〇八年二月二十二日

主题词：环保 上市公司 核查 意见 通知
抄送：中国证券监督管理委员会。

附录7

关于印发《上市公司环保核查行业分类管理名录》的通知

（环境保护部办公厅函　环办函[2008]373 号）

各省、自治区、直辖市环境保护局（厅），全军环办、新疆生产建设兵团环境保护局：

根据《关于对申请上市的企业和申请再融资的上市企业进行环境保护核查的通知》（环发[2003]101 号）与《关于进一步规范重污染行业生产经营公司申请上市或再融资环境保护核查工作的通知》（环发[2007]105 号）的规定，为进一步细化环保核查重污染行业分类，我部制定了《上市公司环境保护核查行业分类管理名录》（以下简称《管理名录》），《管理名录》中未包含的类型暂不列入核查范围，现将该《管理名录》印发你们，请遵照执行。

附件：上市公司环保核查行业分类管理名录

二〇〇八年六月二十四日

主题词：环保上市公司环保核查分类管理通知
抄送：中国证券监督管理委员会办公厅。

附件

上市公司环保核查行业分类管理名录

行业类别	类型
1. 火电	火力发电（含热电、矸石综合利用发电、垃圾发电）
2. 钢铁	炼铁（含熔融和还原）
	球团及烧结
	炼钢
	铁合金冶炼
	钢压延加工
	焦化
3. 水泥	水泥制造（含熟料制造）
4. 电解铝	包括全部规模、全过程生产
5. 煤炭	煤炭开采及洗选
	煤炭地下气化
	煤化工（煤制油、煤制气、煤制甲醇或二甲醚等）
6. 冶金	有色金属冶炼（常用有色金属、贵金属、稀土金属、其他稀有金属冶炼）
	有色金属合金制造
	废金属冶炼
	有色金属压延加工
	金属表面处理及热处理加工（电镀；使用有机涂层，热镀锌（有钝化）工艺）
7. 建材	玻璃及玻璃制品制造
	玻璃纤维及玻璃纤维增强塑料制品制造
	陶瓷制品制造
	石棉制品制造；耐火陶瓷制品及其他耐火材料制造
	石墨及碳素制品制造
8. 采矿	石油开采
	天然气开采
	非金属矿采选（化学矿采选；石灰石、石膏开采；建筑装饰用石开采；耐火土石开采；黏土及其他土砂石开采；采盐；石棉、云母矿采选；石墨、滑石采选；宝石、玉石开采）

行业类别	类型
8. 采矿	黑色金属矿采选
	有色金属矿采选（常用有色金属、贵金属、稀土金属、其他稀有金属采选）
9. 化工	基础化学原料制造（无机酸制造、无机碱制造、无机盐制造、有机化学原料制造、其他基础化学原料制造）
	肥料制造（氮肥制造、磷肥制造、钾肥制造、复混肥料制造、有机肥料及微生物肥料制造、其他肥料制造）
	涂料、染料、颜料、油墨及其他类似产品制造
	合成材料制造（初级形态的塑料及合成树脂制造、合成橡胶制造、合成纤维单（聚合）体的制造、其他合成材料制造）
	专用化学品制造（化学试剂和助剂制造、专项化学用品制造、林产化学产品制造、炸药及火工产品制造、信息化学品制造、环境污染处理专用药剂材料制造、动物胶制造、其他专用化学产品制造）
	化学农药制造、生物化学农药及微生物农药制造（含中间体）
	日用化学产品制造（肥皂及合成洗涤剂制造、化妆品制造、口腔清洁用品制造、香料香精制造、其他日用化学产品制造）
	橡胶加工
	轮胎制造、再生橡胶制造
10. 石化	原油加工
	天然气加工
	石油制品生产（包括乙烯及其下游产品生产）
	油母页岩中提炼原油
	生物制油
11. 制药	化学药品制造（含中间体）
	化学药品制剂制造
	生物、生化制品制造
	中成药制造

行业类别		类型
12. 轻工	酿造	酒类及饮料制造（酒精制造、白酒制造、啤酒制造、黄酒制造、葡萄酒制造、其他酒制造）
		碳酸饮料制造、瓶（罐）装饮用水制造、果菜汁及果菜汁饮料制造、含乳饮料和植物蛋白饮料制造、固体饮料制造、茶饮料及其他软饮料制造；精制茶加工）
	造纸	纸浆制造（含浆纸林建设）
		造纸（含废纸造纸）
	发酵	调味品制造（味精、柠檬酸、氨基酸制造等）
		有发酵工艺的粮食、饲料加工
		制糖
		植物油加工
13. 纺织		化学纤维制造
		棉、化纤纺织及印染精加工
		毛纺织和染整精加工
		丝绢纺织及精加工
		化纤浆粕制造
		棉浆粕制造
14. 制革		皮革鞣制加工
		毛皮鞣制及制品加工

附件

省（区、市）直接出具环保核查意见的
上市公司基本情况统计表

（　年　季度）

单位（盖章）：　　　　　　　　　　　　填表时间：＿＿＿＿＿＿＿

序号	申请上市环保核查公司名称	下属企业名称	企业所属行业	主要产品及产量	企业地址	核查结论	出文时间及文号
1		1.					
		2.					
		……					
2		1.					
		2.					
		……					
……							

处室：＿＿＿＿＿＿＿＿＿＿　　　填表人姓名：＿＿＿＿＿＿＿＿

联系电话：＿＿＿＿＿＿＿＿＿＿

填表说明：1. 填表单位为各省（区、市）环境保护厅（局）和新疆生产建设兵
　　　　　　　团环保局；

　　　　　2. 各省级环保部门仅需填报由本省牵头组织开展核查并直接向国
　　　　　　　务院证券监督管理机构或申请上市融资公司出具核查意见的公
　　　　　　　司情况。

附录 8

关于进一步规范重污染行业生产经营公司申请上市或再融资环境保护核查工作的通知

（国家环境保护总局办公厅文件　环办[2007]105 号）

各省、自治区、直辖市环境保护局（厅）：

　　自 2003 年我局印发《关于对申请上市的企业和申请再融资的上市企业进行环境保护核查的规定》（环发[2003]101 号）以来，各地环保部门普遍开展了对重污染行业申请上市或再融资公司的环保核查工作，并取得较好的效果。为进一步规范跨省从事重污染行业申请上市或再融资公司的环保核查工作，现通知如下：

　　一、按照环发[2003]101 号文件和 2004 年印发的《关于贯彻执行国务院办公厅转发发展改革委等部门关于制止钢铁电解铝水泥行业盲目投资若干意见的紧急通知》（环发[2004]12 号）的规定，从事火力发电、钢铁、水泥、电解铝行业的公司和跨省从事环发[2003]101 号文件所列其他重污染行业生产经营公司的环保核查工作，由我局统一组织开展，并向中国证券监督管理委员会出具核查意见。

　　上述公司申请环保核查的，应向我局提出核查申请，提交环发[2003]101 号文件规定的有关资料及我局认为必要的其他材料，核查申请应同时抄报核查企业所在地省级环保局（厅）。我局按规定程序组织开展核查工作，相关省级环保局（厅）应向我局出具审核意见。

　　二、需核查企业的范围暂定为：申请环保核查公司的分公司、全资子公司和控股子公司下辖的从事环发[2003]101 号文件所列重污染行业生产经营的企业和利用募集资金从事重污染行业的生产经营企业。

三、核查工作完成后，由我局统一进行公示，在我局网站和中国环境报上公示 10 天，同时在相关省级环保局（厅）、企业所在地地级及以上市级环保局的政府网站和地方主要媒体上公示 10 天。

二〇〇七年八月十三日

主题词：环保污控上市公司环保核查通知
抄送：中国证券监督管理委员会

附录 9

关于贯彻执行国务院办公厅转发发展改革委等部门 关于制止钢铁电解铝水泥行业盲目投资若干意见的 紧急通知

（国家环境保护总局文件 环发[2004]12 号）

各省、自治区、直辖市环境保护局（厅）：

为贯彻执行《国务院办公厅转发发展改革委等部门关于制止钢铁电解铝水泥行业盲目投资若干意见的通知》（国办发[2003]103 号）（以下简称"国办通知"）的要求，现紧急通知如下：

一、各省、自治区、直辖市环保局（厅）要立即组织力量对现有钢铁、电解铝和水泥生产企业的污染物排放情况按照污染物排放标准和排污总量控制指标逐一检查，将达不到排放标准或排污总量控制指标的生产企业名单于 2004 年 3 月 20 日前报送我局，我局拟于 2004 年 3 月底前首次向社会公布，以后定期公布环保不达标企业名单。各地要加强对以上生产企业的日常环境监督检查。

二、各省、自治区、直辖市环保局（厅）要立即组织力量对已建、在建、拟建钢铁、电解铝和水泥项目认真清理，按照"国办通知"要求，对未按规定程序报批环境影响报告书擅自开工建设的项目，在建的一律停建，投（试）产的一律停产，并依照有关法律法规进行处理。同时在省级主要新闻媒体上公开曝光。清理结果于 2004 年 2 月 20 日前报我局。

三、列入我局公布的环保不达标名单的企业，由所在地环保部门按"国办通知"的要求，报当地人民政府责其限期治理。限期治理期间，按照达标排放和环保部门下达的污染物排放总量控制的要求限产限排，限期治理到期后仍然达不到要求的，必须停产整治。

四、各级环保部门要按照管理权限，对所有达到排放标准和排污总量控制指标的钢铁、电解铝和水泥生产企业发放排污许可证，对不达标企业在限期治理期间或新建项目试生产期间发放临时排污许可证。没有排污许可证的企业一律不准排污。

五、列入我局公布的环保不达标名单的企业，各地环保部门要强制实施清洁生产审核，并加强技术指导和监督清洁生产方案的实施。鼓励达标企业开展清洁生产，进一步削减污染物排放。

六、2004年年底前，要求所有钢铁、电解铝和水泥行业省级重点污染企业安装符合国家规定的在线监控装置，与当地环保部门联网，并保证正常运行。经省级环保部门验收合格并正常运行的企业在线监控装置的监测数据，环保部门应当认可并作为环境监察依据。

七、自本通知发布之日起，各省、自治区、直辖市环保部门按照《关于对申请上市的企业和申请再融资的上市企业进行环境保护核查的通知》（环发[2003]101号）的规定，对钢铁、电解铝和水泥行业生产企业首次公开发行股票和再融资申请进行环境保护初步核查，并将初步核查意见及建议报我局核定。核定结果在我局网站上公示10天，我局结合公示情况提出核查终审意见后函告中国证券监督管理委员会。

二〇〇四年一月十七日

主题词：环保工业通知

附录 10

关于对申请上市的企业和申请再融资的
上市企业进行环境保护核查的通知

（国家环境保护总局文件　环发[2003]101号）

各省、自治区、直辖市环境保护局（厅）：

为督促重污染行业上市企业认真执行国家环境保护法律、法规和政策，避免上市企业因环境污染问题带来投资风险，调控社会募集资金投资方向，根据中国证券监督管理委员会对上市公司环境保护核查的相关规定，我局特制定《关于对申请上市的企业和申请再融资的上市企业进行环境保护核查的规定》。原《关于做好上市公司环保情况核查工作的通知》（环发[2001]156号）同时作废。

现将此规定印发给你们，请认真遵照执行。

附件：关于对申请上市的企业和申请再融资的上市企业进行环境保护核查的规定

二〇〇三年六月十六日

主题词：环保企业融资核查通知
抄送：中国证券监督管理委员会
　　　解放军环境保护局
　　　新疆生产建设兵团环境保护局

附件

关于对申请上市的企业和申请再融资的
上市企业进行环境保护核查的规定

为督促重污染行业上市企业严格执行国家环境保护法律、法规和政策，避免上市企业因环境污染问题带来投资风险，调控社会募集资金投资方向，指导各级环保部门核查申请上市企业和上市企业再融资工作，特制定本规定。

一、核查对象

（一）重污染行业申请上市的企业；

（二）申请再融资的上市企业，再融资募集资金投资于重污染行业。

重污染行业暂定为：冶金、化工、石化、煤炭、火电、建材、造纸、酿造、制药、发酵、纺织、制革和采矿业。

二、核查内容和要求

（一）申请上市的企业

1. 排放的主要污染物达到国家或地方规定的排放标准；

2. 依法领取排污许可证，并达到排污许可证的要求；

3. 企业单位主要产品主要污染物排放量达到国内同行业先进水平；

4. 工业固体废物和危险废物安全处置率均达到100%；

5. 新、改、扩建项目"环境影响评价"和"三同时"制度执行率达到100%，并经环保部门验收合格；

6. 环保设施稳定运转率达到95%以上；

7. 按规定缴纳排污费；

8. 产品及其生产过程中不含有或使用国家法律、法规、标准中禁用的物质以及我国签署的国际公约中禁用的物质。

（二）申请再融资的上市企业

除符合上述对申请上市企业的要求外，还应核查以下内容：

1. 募集资金投向不造成现实的和潜在的环境影响；

2. 募集资金投向有利于改善环境质量；

3. 募集资金投向不属于国家明令淘汰落后生产能力、工艺和产品，有利于促进产业结构调整。

三、核查程序

申请上市的企业和申请再融资的上市企业应向登记所在地省级环保行政主管部门提出核查申请，并申报以下基本材料：① 企业（含本企业紧密型成员单位）基本情况；② 报中国证券监督管理委员会待批准的上市方案或再融资方案；③ 证明符合本规定第三条的相关文件；④ 企业登记所在地省级环保行政主管部门要求的其他有关材料。

省级环境保护行政主管部门自受理企业核查申请之日起，于30个工作日内组织有关专家或委托有关机构对申请上市的企业和申请再融资的上市企业所提供的材料进行审查和现场核查，将核查结果在有关新闻媒体上公示10天，结合公示情况提出核查意见及建议，以局函的形式报送中国证券监督管理委员会，并抄报国家环保总局。

火力发电企业申请上市和申请再融资应由省级环保部门提出初步核查意见上报国家环保总局。国家环保总局组织核定后，将核定结果在总局政府网站上公示10天，结合公示情况提出核查意见及建议，以局函的形式报送中国证券监督管理委员会。

对于跨省从事重污染行业生产经营活动的申请上市企业和申请再融资的上市企业，其登记所在地省级环境保护行政主管部门应与有关省级环境保护行政主管部门进行协调，将核查意见及建议报国家环保总局，由国家环保总局报送中国证券监督管理委员会。

附录 11

关于发布实施《天津市环保局对申请上市的企业和申请再融资的上市企业进行环境保护核查的规定》的通知

各区县环保局，局机关各处室、各直属单位：

为规范我市申请上市的企业和申请再融资的上市企业的环境保护核查工作，依据原国家环保总局《关于对申请上市的企业和申请再融资的上市企业进行环境保护核查的通知》（环发[2003]101 号）、《关于加强上市公司环境保护监督管理工作的指导意见》（环发[2008]24 号）、环境保护部办公厅《关于进一步规范监督管理严格开展上市公司环保核查工作的通知》（环办[2011]14 号）和《上市公司环境保护核查工作指南》等文件，结合我市实际情况，我局研究制定了《天津市环保局对申请上市的企业和申请再融资的上市企业进行环境保护核查的规定》，并经 2011 年第四次局长办公会审议通过，现正式印发实施。

特此通知

二〇一一年六月八日

附件

天津市环保局对申请上市的企业和申请再融资的上市企业进行环境保护核查的规定

一、核查对象

在我市注册登记并申请上市的企业或申请再融资的上市企业。

二、核查权限

火力发电、钢铁、水泥、电解铝企业和跨省从事环境保护部办公厅《关于印发〈上市公司环保核查行业分类管理名录〉的通知》(环办函[2008]373 号)中规定的重污染行业生产经营活动的企业,由市环保局提出核查初审意见,报环境保护部核查;其他申请企业由市环保局直接出具核查意见。

三、核查内容和要求

(一)申请上市的企业

1. 企业新、改、扩建项目"环境影响评价"和"三同时"执行率达到 100%,且经环保部门验收批复(试生产期间的除外)。在核查时段之前存在未依法执行环境影响评价和"三同时"竣工验收的违法行为,除如实反映该违法情况外,企业应按照环境保护管理的要求,向环保部门申请进行环保调查和验收。

核查时段内项目未依法履行"环境影响评价"或"三同时"验收制度的,企业应立即履行相关的环境保护管理程序。

2. 企业依法进行排污申报登记并取得排污许可证,达到排污许可证的要求,按规定缴纳排污费。企业应提供排污申报登记表、排污许可证明及环保部门发出的缴费通知单和缴费收据。

3．环保部门对企业主要污染物总量减排的要求得到落实，完成环保部门下达的其他污染物总量指标。环保部门对企业的主要污染物总量减排的要求（附环保部门下达的减排任务通知书），企业落实主要污染物总量减排的情况（附污染物总量减排工程措施），如果没有总量减排任务，应由环保部门出具相关证明。

4．企业排放的主要污染物达到国家或地方规定的排放标准，以环保监测部门的监测报告为准。对未按要求开展环境监测的，应提出整改实施方案，并按规定补做监测（必须提供最近一年的监测报告）。

5．企业工业固体废物和危险废物安全处置率均达到 100%。企业应提供一般工业固体废物和危险废物的处置合同和转移联单复印件。

6．企业环保设施稳定运转率达到95%以上。根据核查时段内环保设施的运行、维修记录，现场确认环保设施的完备并与生产设施同时正常运行。

7．企业产品、副产品及其生产过程中不含有或使用国家法律法规和我国签署的国际公约中禁用的物质，使用的工艺、设施等符合国家的产业政策和环保政策要求。

8．企业有健全的环境管理机构和管理制度，涉及较大环境风险的企业还要有完善的环境污染事故应急预案。

9．企业模范遵守环境保护的法律法规，核查时段内未发生重大环境污染事故。

10．企业单位产品产污强度达到国内同行业先进水平，定期开展清洁生产审核并通过有关部门的评估验收。

11．重金属污染物排放企业应按照国务院批复的《重金属污染综合防治"十二五"规划》的总体要求，制定重金属污染环境应急预案，重金属污染物排放符合国家和地方要求。

12．企业应按照《上市公司环境信息披露指南》的要求，及时准确完整地发布环境信息。

13．企业应对上一次环保核查提出的问题进行整改，完成上一次环保核查承诺。

（二）申请再融资的上市企业

除符合上述条件外，其拟募集资金投向项目还应不属于国家明令淘汰落后生产能力、工艺和产品。

四、核查程序

（一）普通程序

申请上市的企业或申请再融资的上市企业为重污染企业的，适用普通程序。

1．企业需提交下列材料

（1）企业申请办理环保核查情况意见的书面申请，内容包括：企业概况、环保核查时段、企业环境保护基本情况说明（污染治理设施建设和运行情况、环保工作达到的水平等），拟募集资金投向项目的概况。

（2）企业所在区县环保部门出具的企业在环保核查时段内环境保护情况的初审意见（需文头和发文字号）。

（3）企业环保核查技术报告和技术报告电子版（光盘或 U 盘）。企业应根据有关规定，委托环境保护部认可资质的技术核查单位开展核查工作、编制技术报告。技术单位应有与企业所从事行业相对应的资质，项目负责人要持有环保核查培训合格证书。同一家企业连续两次融资不得委托同一家技术单位现场核查、编制技术报告。

（4）市环保局要求提供的其他材料。

2．申请受理及核查程序

（1）申请受理。企业应当向市环保局办公室报送相关申请材料，市环保局办公室按照公文流转程序将申请材料转至市环境监察总队，由市环境监察总队按照规定进行受理及核查工作。对申请材料齐全或者按照要求提交全部补正申请材料、符合受理条件的，予以受理。

（2）专家审查和征求意见。申请受理后，市环境监察总队邀请相关行业专家对企业所提供的材料进行审查和现场核查，同时将技术报告送市环保局相关处室征求意见。专家或相关处室认为尚有问题待查明或需要整改的，市环境监察总队应当汇总后一次性告知企业，企业对有关问题进行说明或对问题进行整改。

（3）公示。核查权限在市环保局的，经专家审查和征求相关处室意见后，未发现问题或者已经完成整改的，需在我市主要媒体及政府网站上公示 10 天。企业应根据要求将公示稿在市级报刊上连续刊登 10 天，并承担相关费用。市环境监察总队负责将公示稿在"天津政务网"进行公示。对于公示期间有投诉的，应当予以调查核实。

（4）局务会审议。在公示阶段完成后（核查权限在环境保护部的，在专家审查和征求意见阶段完成后），经局主管领导批准，提交局务会审议。

（5）出具核查意见。核查权限在市环保局的，经局务会审议通过后，出具环保核查意见，并抄报环境保护部；核查权限在环境保护部的，向环境保护部报送核查初审意见，并抄送企业。

（6）工作时间。市环保局应当自受理申请之日起 30 个工作日内完成上市环保核查，企业补充材料、进行整改、公示、因投诉调查核实的时间不计在内。

（二）简易程序

申请上市的企业或申请再融资的上市企业为非重污染企业的，适用简易程序。

1．企业需提交下列材料

企业申请办理环保核查情况证明的书面申请，企业所在区县环保部门出具的企业环保核查时段内环境保护情况的初审意见（需文头和发文字号），企业符合本规定第三条要求的所有材料（相关材料不能提供时应作出书面说明并盖章），以及市环保局认为必要的其他材料。

2．申请受理及核查程序

企业向市环保局办公室报送申请材料，市环保局办公室按照公文流转程序将申请材料转至市环境监察总队，由市环境监察总队按照规定进行受理及核查工作。对申请材料齐全或者按照要求提交全部补正申请材料、符合受理条件的，予以受理。市环境监察总队对申请材料进行核查，征求相关处室意见。对未发现问题的，自受理申请之日起 30 个工作日内（企业补充材料、进行整改的时间不计在内）出具核查意见，并抄报环境保护部。

五、监督管理

1．对申请核查前一年内有以下情形之一的企业，市环保局不予受理其核查申请：发生过重大或特大突发环境事件；未完成主要污染物总量减排任务；被责令限期治理、限产限排或停产整治；受到环境保护部或市环保局行政处罚；受到环保部门 10 万元以上罚款等。

2．在核查过程中，企业存在以下违法情形之一，尚未改正的，市环保局将退回其核查申请材料，并在 6 个月内不再受理其申请：违反环境影响评价审批和"三同时"验收制度；违反饮用水水源保护区制度等有关规定；存在重大环境安全隐患；未完成因重金属、危险化学品、危险废物污染或因引发群体性环境事件而必须实施的搬迁任务等。

3．严厉处罚弄虚作假行为。核查过程中，如发现企业存有弄虚作假、故意隐瞒重大违法事实的行为，市环保局将及时终止核查，且在 1 年内不再受理其申请。对于存有弄虚作假、故意隐瞒重大违法事实行为的上市环保核查技术咨询单位，市环保局 2 年内不再受理其编制的技术报告，同时报环境保护部建议撤销相关责任人员证书。

六、后督查制度

对于通过环保核查的企业，市环保局每两年组织开展一次后督查工作，重点检查企业承诺限期完成整改的环境问题。后督查情况将及时报告环境保护部，由环境保护部统一向社会发布后督查信息。

本规定自 2011 年 7 月 1 日起施行。

附录12

关于深入推进重点企业清洁生产的通知

（环境保护部文件　环发[2010]54 号）

各省、自治区、直辖市环境保护厅（局），新疆生产建设兵团环境保护局：

为贯彻落实《国务院批转发展改革委等部门关于抑制部分行业产能过剩和重复建设　引导产业健康发展若干意见的通知》（国发[2009]38 号）、《国务院办公厅关于落实抑制部分行业产能过剩和重复建设有关重点工作部门分工的通知》（国办函[2009]116 号）和《国务院办公厅转发环境保护部等部门关于加强重金属污染防治工作指导意见的通知》（国办发[2009]61 号）精神，深入扎实推进重点企业清洁生产工作，现将有关要求通知如下：

一、依法公布应实施清洁生产审核的重点企业名单

当前要将重有色金属矿（含伴生矿）采选业、重有色金属冶炼业、含铅蓄电池业、皮革及其制品业、化学原料及化学制品制造业五个重金属污染防治重点防控行业，以及钢铁、水泥、平板玻璃、煤化工、多晶硅、电解铝、造船七个产能过剩主要行业，作为实施清洁生产审核的重点。各省可按照《重点企业清洁生产行业分类管理名录》（附件一，以下简称《名录》），确定本辖区内需实施清洁生产审核的其他重点企业。各省级环保部门应依据《中华人民共和国清洁生产促进法》的规定，将应实施清洁生产的重点企业名单在省级环保部门政府网站公布并同时抄报我部，有条件的地方可在当地主要媒体同时公布。

二、积极指导督促重点企业开展清洁生产审核

积极开展清洁生产审核培训，加强对重点企业实施清洁生产审核的技术指导。加强对清洁生产审核服务机构的监督管理，及时公布具备审核条件的机构名单及其审核业绩，并对问题较突出的审核服务机构予以通报。及时调度各重点企业清洁生产审核工作进度，督促各重点企业将清洁生产审核报告和审核结果及时报送当地省级环保部门和相关部门。

三、强化对重点企业清洁生产审核的评估验收

各省级环保部门应按照《重点企业清洁生产审核评估、验收实施指南》（环发[2008]60号附件二）要求，加快评估验收工作进度。加强对评估验收工作的规范和日常监督管理，根据工作需要可依托省级清洁生产中心等有关机构开展评估验收。进一步加大对评估验收工作的资金支持力度，应继续按照环发[2008]60号要求，安排专项资金用于支持重点企业清洁生产审核的评估验收工作，并同时积极争取节能减排等各方面资金的支持。

四、及时发布重点企业清洁生产公告

各省级环保部门应加强对重点企业实施清洁生产有关信息的统计和汇总工作，定期公告本地区重点企业清洁生产审核和评估验收情况。将本地区已经通过评估验收的重点企业名单，在每季度第一个月内上报我部。我部将定期发布"重点企业清洁生产公告"，公布各地通过清洁生产评估验收的重点企业名单，同时抄送中国银行业监督管理委员会、中国证券监督管理委员会、国务院国有资产管理委员会等有关部门。

五、制订清洁生产推行年度计划

各省级环保部门应制定本地区重点企业清洁生产审核及评估验收年度工作计划。主要内容应包括：本年度应实施清洁生产审核的重点企业名单、审核及评估验收工作进度安排、监督管理措施等。总体进度要求是：五个重金属污染防治重点行业的重点企业，每两年完成一轮清洁生产审核，2011 年年底前全部完成第一轮清洁生产审核和评估验收工作；七个产能过剩行业的重点企业，每三年完成一轮清洁生产审核，2012 年年底前全部完成第一轮清洁生产审核和评估验收工作；《名录》确定的其他重污染行业的重点企业，每五年开展一轮清洁生产审核，2014 年年底前全部完成第一轮清洁生产审核及评估验收。2011 年起，各地应于每年 3 月 31 日前，制订本地区本年度清洁生产推行计划，并报送我部，同时向社会公布。

六、完善促进重点企业实施清洁生产的政策措施

应将实施清洁生产审核并通过评估验收，作为《名录》所列行业的重点企业申请上市（再融资）环保核查和有毒化学品进出口登记的前提条件，作为申请各级环保专项资金、节能减排专项资金和污染防治等各方面环保资金支持的重要依据，作为审批进口固体废物、经营危险废物许可证和新化学物质登记的重要参考条件。将实施清洁生产的减污绩效作为核算重点企业主要污染物总量减排数据的重要依据，未通过清洁生产审核评估验收的重点企业，由于实施清洁生产形成的总量减排成果不予认可。各地要加大资金支持力度，对经审核确定的重点企业清洁生产改造项目，各级环保专项资金和节能减排专项资金应予以支持。对通过实施清洁生产达到国内清洁生产先进水平的重点企业可给予适当经济奖励。

七、充分发挥国家环境保护模范城市和国家生态工业园区的带头示范作用

按照《"十一五"国家环境保护模范城市考核指标及其实施细则（修订）》（环办[2008]71号）规定，国家环境保护模范城市和正在创建的城市以及国家生态工业园区，应按要求制定重点企业清洁生产审核年度计划，完成对本辖区内《名录》所列重点行业中全部重点企业的清洁生产审核及评估验收，并将通过评估验收的重点企业名单、审核报告和相关证明文件，由所在省级环保部门汇总报送我部，并经我部发布"重点企业清洁生产公告"后，方可具备技术评估和考核验收资格。

八、加强对重点企业实施清洁生产的监督检查

严格执行《中华人民共和国清洁生产促进法》有关规定，对于使用有毒、有害原料进行生产或者在生产中排放有毒、有害物质，但不实施清洁生产审核或者虽经审核但不如实报告审核结果的企业，责令限期改正；对拒不改正的依法从重处罚。对于污染物超标排放或者污染物排放总量超过规定限额的污染严重企业，不公布或者未按规定要求公布污染物排放情况的，依法从重处罚。

为适时发布"重点企业清洁生产公告"，请各地于2010年5月17日前，将本辖区内已经开展清洁生产审核并通过评估验收的重点企业名单（按附件二格式）报送我部，同时请报送电子件。请各地于2010年6月30日前，制定完成本地区2010年度清洁生产审核工作计划并报送我部，同时对社会公开。我部将对各地开展重点企业清洁生产审核及评估验收情况进行年度监督检查，并将检查结果予以通报。

联系方式：环境保护部污染防治司　　王晓密　杨俊峰

电话：（010）66556277，66556243

传真：（010）66556244

电子邮件：csc@mep.gov.cn

地址：北京西城区西直门内南小街 115 号

邮政编码：100035

附件：1. 重点企业清洁生产行业分类管理名录

　　　2. 省（区、市）完成清洁生产评估验收的重点企业名单
　　　　统计表

二〇一〇年四月二十二日

主题词：环保重点企业清洁生产通知

抄送：商务部，国资委，银监会，证监会，各中央直属企业，各国家环境保护模范城市环境保护局。

附件 1

重点企业清洁生产行业分类管理名录

行业类别	子行业（产品）
1. 火电	火力发电（含热电、矸石综合利用发电、垃圾发电、生物质燃料发电等）
2. 炼焦	焦炭、干馏炭生产（含煤焦油、沥青等副产品生产）
3. 多晶硅	多晶硅生产
4. 金属表面处理及热处理加工	电镀；使用有机涂层，热镀锌（有钝化）工艺
5. 有色金属冶炼及压延加工	常用有色金属冶炼（包括铜冶炼，铅锌冶炼，镍钴冶炼，锡冶炼，锑冶炼，铝冶炼，镁冶炼，其他常用有色金属冶炼）
	贵金属冶炼（包括金冶炼，银冶炼，其他贵金属冶炼）
	稀有稀土金属冶炼（包括钨钼冶炼，稀土金属冶炼，其他稀有金属冶炼）
	有色金属合金制造
	有色金属压延加工
6. 非金属矿物制品业	水泥制造（含熟料制造）
	玻璃及玻璃制品制造
	玻璃纤维及玻璃纤维增强塑料制品制造
	陶瓷制品制造
	石棉制品制造；耐火陶瓷制品及其他耐火材料制造
	石墨及碳素制品制造
7. 黑色金属冶炼及压延加工	炼铁（包括高炉炼铁，直接还原炼铁，熔融还原炼铁）
	球团及烧结
	炼钢（包括转炉炼钢，电炉炼钢）
	铁合金冶炼（包括硅铁，锰铁，铬铁，镍铁，其他常用铁合金冶炼）
	钢压延加工（包括热轧，冷轧，涂镀层，热处理）
	其他黑色金属冶炼（包括锰冶炼，铬冶炼）

行业类别	子行业（产品）
8. 采矿	石油开采
	天然气开采
	非金属矿采选（化学矿采选；石灰石、石膏开采；建筑装饰用石开采；耐火土石开采；黏土及其他土砂石开采；采盐；石棉、云母矿采选；石墨、滑石采选；宝石、玉石开采）
	黑色金属矿采选（铁矿采选、其他黑色金属矿采选）
	有色金属矿采选（常用有色金属矿采选、贵金属矿采选、稀有稀土金属矿采选）
9. 化学原料及化学制品制造	基础化学原料制造（无机酸制造、无机碱制造、无机盐制造、有机化学原料制造、其他基础化学原料制造）
	肥料制造（氮肥制造、磷肥制造、钾肥制造、复混肥料制造、有机肥料及微生物肥料制造、其他肥料制造）
	农药制造（化学农药制造、生物化学农药及微生物农药制造（含中间体））
	涂料、染料、颜料、油墨及其他类似产品制造
	合成材料制造（初级形态的塑料及合成树脂制造、合成橡胶制造、合成纤维单（聚合）体的制造、其他合成材料制造）
	专用化学品制造（化学试剂和助剂制造、专项化学用品制造、林产化学产品制造、炸药及火工产品制造、信息化学品制造、环境污染处理专用药剂材料制造、动物胶制造、其他专用化学产品制造）
	日用化学产品制造（肥皂及合成洗涤剂制造、化妆品制造、口腔清洁用品制造、香料香精制造、其他日用化学产品制造）
10. 橡胶制品	橡胶加工、轮胎制造、再生橡胶制造、橡胶零件制造、日用及医用橡胶制品制造、橡胶靴鞋制造及其他橡胶制品制造
11. 煤炭	煤炭开采及洗选
	煤炭地下气化
	煤化工（煤制油、煤制气、煤制甲醇或二甲醚等）
12. 石化	原油加工
	天然气加工
	石油制品生产（包括乙烯及其下游产品生产）
	油母页岩中提炼原油
	生物制油

行业类别	子行业（产品）
13. 制药	化学药品制造（含中间体）
	化学药品制剂制造
	生物、生化制品制造
	中成药制造
14. 轻工	酿造，包括：酒类及饮料制造（酒精制造、白酒制造、啤酒制造、黄酒制造、葡萄酒制造、其他酒制造；碳酸饮料制造、瓶（罐）装饮用水制造、果菜汁及果菜汁饮料制造、含乳饮料和植物蛋白饮料制造、固体饮料制造、茶饮料及其他软饮料制造；精制茶加工）
	造纸，包括：纸浆制造；造纸（含废纸造纸）
	发酵，包括：调味品制造（味精、柠檬酸、氨基酸制造等）；有发酵工艺的粮食、饲料加工
	制糖
	植物油加工
15. 纺织	化学纤维制造
	棉、化纤纺织及印染精加工
	毛纺织和染整精加工
	丝绢纺织及精加工
	化纤浆粕制造
	棉浆粕制造
16. 皮革及其制品	皮革鞣制加工
	毛皮鞣制及制品加工（包括毛皮鞣制加工，毛皮服装加工，其他毛皮制品加工）
17. 废弃资源和废旧材料回收加工	金属废料和碎屑的加工处理
	非金属废料和碎屑的加工处理
18. 电气机械及器材制造	电机制造（包括电动机制造，变压器、整流器和电感器制造业，电力电容器制造业，配电开关控制设备制造业）
	输配电及控制设备制造（包括电力电容器制造业、配电开关控制设备制造业）
	电线、电缆、光缆及电工器材制造
	电池制造（包括锌锰电池、镉镍/镍氢电池、铅酸蓄电池）
	照明器具制造（包括电光源制造，照明灯具制造，灯用电器附件及其他照明器具制造）

行业类别	子行业（产品）
19. 交通运输设备制造	汽车制造（包括汽车整车制造，改装汽车制造，电车制造，汽车车身、挂车的制造，汽车零部件及配件制造，汽车修理，涂装）
	船舶及浮动装置制造（包括金属船舶制造，非金属船舶制造，娱乐船和运动船的建造和修理，船用配套设备制造，船舶修理及拆船）
20. 通信设备、计算机及其他电子设备制造	电子器件制造（包括电子真空器件制造，半导体分立器件制造，集成电路制造，光电子器件及其他电子器件制造）
	电子元件制造（包括电子元件及组件制造，印制电路板制造）
	通信设备制造、雷达及配套设备制造、广播电视设备制造、电子计算机制造、家用视听设备制造和其他电子设备制造
21. 环境治理	城市垃圾处理、水污染治理、危险废物治理和其他环境治理

附件2

××省（区、市）完成清洁生产评估验收的重点企业名单统计表

填表人姓名：_____ 单位：_____

联系电话：_____

序号	企业名称	所属行业	主要产品及产量	法人代表	地址	名单公布时间	提交审核报告时间	完成评估时间	完成验收时间	审核咨询机构名称	评估验收证明材料
1											
2											
3											
4											
5											
6											
7											
8											
9											
10											
……											

附录 13

环境信息公开办法（试行）

（国家环境保护总局令　总局令第 35 号）

《环境信息公开办法（试行）》已于 2007 年 2 月 8 日经国家环境保护总局 2007 年第一次局务会议通过，现予公布，自 2008 年 5 月 1 日起施行。

国家环境保护总局局长　周生贤

二〇〇七年四月十一日

主题词：环保法规信息公开规章令

环境信息公开办法（试行）

第一章　总　则

第一条　为了推进和规范环境保护行政主管部门（以下简称环保部门）以及企业公开环境信息，维护公民、法人和其他组织获取环境信息的权益，推动公众参与环境保护，依据《中华人民共和国政府信息公开条例》、《中华人民共和国清洁生产促进法》和《国务院关于落实科学发展观　加强环境保护的决定》，以及其他有关规定，制定本办法。

第二条　本办法所称环境信息，包括政府环境信息和企业环境信息。

政府环境信息，是指环保部门在履行环境保护职责中制作或者获取的，以一定形式记录、保存的信息。

企业环境信息，是指企业以一定形式记录、保存的，与企业经营活动产生的环境影响和企业环境行为有关的信息。

第三条　国家环境保护总局负责推进、指导、协调、监督全国的环境信息公开工作。

县级以上地方人民政府环保部门负责组织、协调、监督本行政区域内的环境信息公开工作。

第四条　环保部门应当遵循公正、公平、便民、客观的原则，及时、准确地公开政府环境信息。

企业应当按照自愿公开与强制性公开相结合的原则，及时、准确地公开企业环境信息。

第五条　公民、法人和其他组织可以向环保部门申请获取政府环境信息。

第六条　环保部门应当建立、健全环境信息公开制度。

国家环境保护总局由办公厅作为本部门政府环境信息公开工作的组织机构，各业务机构按职责分工做好本领域政府环境信息公开工作。

县级以上地方人民政府环保部门根据实际情况自行确定本部门政府环境信息公开工作的组织机构，负责组织实施本部门的政府环境信息公开工作。

环保部门负责政府环境信息公开工作的组织机构的具体职责是：

（一）组织制定本部门政府环境信息公开的规章制度、工作规则；

（二）组织协调本部门各业务机构的政府环境信息公开工作；

（三）组织维护和更新本部门公开的政府环境信息；

（四）监督考核本部门各业务机构政府环境信息公开工作；

（五）组织编制本部门政府环境信息公开指南、政府环境信息公开目录和政府环境信息公开工作年度报告；

（六）监督指导下级环保部门政府环境信息公开工作；

（七）监督本辖区企业环境信息公开工作；

（八）负责政府环境信息公开前的保密审查；

（九）本部门有关环境信息公开的其他职责。

第七条　公民、法人和其他组织使用公开的环境信息，不得损害国家利益、公共利益和他人的合法权益。

第八条　环保部门应当从人员、经费方面为本部门环境信息公开工作提供保障。

第九条　环保部门发布政府环境信息依照国家有关规定需要批准的，未经批准不得发布。

第十条　环保部门公开政府环境信息，不得危及国家安全、公共安全、经济安全和社会稳定。

第二章　政府环境信息公开

第一节　公开的范围

第十一条　环保部门应当在职责权限范围内向社会主动公开以下政府环境信息：

（一）环境保护法律、法规、规章、标准和其他规范性文件；

（二）环境保护规划；

（三）环境质量状况；

（四）环境统计和环境调查信息；

（五）突发环境事件的应急预案、预报、发生和处置等情况；

（六）主要污染物排放总量指标分配及落实情况，排污许可证发放情况，城市环境综合整治定量考核结果；

（七）大、中城市固体废物的种类、产生量、处置状况等信息；

（八）建设项目环境影响评价文件受理情况，受理的环境影响评价文件的审批结果和建设项目竣工环境保护验收结果，其他环境保护行政许可的项目、依据、条件、程序和结果；

（九）排污费征收的项目、依据、标准和程序，排污者应当缴纳的排污费数额、实际征收数额以及减免缓情况；

（十）环保行政事业性收费的项目、依据、标准和程序；

（十一）经调查核实的公众对环境问题或者对企业污染环境的信访、投诉案件及其处理结果；

（十二）环境行政处罚、行政复议、行政诉讼和实施行政强制措施的情况；

（十三）污染物排放超过国家或者地方排放标准，或者污染物排放总量超过地方人民政府核定的排放总量控制指标的污染严重的企业名单；

（十四）发生重大、特大环境污染事故或者事件的企业名单，拒不执行已生效的环境行政处罚决定的企业名单；

（十五）环境保护创建审批结果；

（十六）环保部门的机构设置、工作职责及其联系方式等情况；

（十七）法律、法规、规章规定应当公开的其他环境信息。

环保部门应当根据前款规定的范围编制本部门的政府环境信息公开目录。

第十二条　环保部门应当建立健全政府环境信息发布保密审查机制，明确审查的程序和责任。

环保部门在公开政府环境信息前，应当依照《中华人民共和国保守国家秘密法》以及其他法律、法规和国家有关规定进行审查。

环保部门不得公开涉及国家秘密、商业秘密、个人隐私的政府环境信息。但是，经权利人同意或者环保部门认为不公开可能对公共利益造成重大影响的涉及商业秘密、个人隐私的政府环境信息，可以予以公开。

环保部门对政府环境信息不能确定是否可以公开时，应当依照法律、法规和国家有关规定报有关主管部门或者同级保密工作部门确定。

第二节　公开的方式和程序

第十三条　环保部门应当将主动公开的政府环境信息，通过政府网站、公报、新闻发布会以及报刊、广播、电视等便于公众知晓的方式公开。

第十四条　属于主动公开范围的政府环境信息，环保部门应当自该环境信息形成或者变更之日起 20 个工作日内予以公开。法律、法规对政府环境信息公开的期限另有规定的，从其规定。

第十五条　环保部门应当编制、公布政府环境信息公开指南和政府环境信息公开目录，并及时更新。

政府环境信息公开指南，应当包括信息的分类、编排体系、获取方式，政府环境信息公开工作机构的名称、办公地址、办公时间、联系电话、传真号码、电子邮箱等内容。

政府环境信息公开目录，应当包括索引、信息名称、信息内容的概述、生成日期、公开时间等内容。

第十六条　公民、法人和其他组织依据本办法第五条规定申请环保部门提供政府环境信息的，应当采用信函、传真、电子邮件等书面形式；采取书面形式确有困难的，申请人可以口头提出，由环保部门政府环境信息公开工作机构代为填写政府环境信息公开申请。

政府环境信息公开申请应当包括下列内容：

（一）申请人的姓名或者名称、联系方式；

（二）申请公开的政府环境信息内容的具体描述；

（三）申请公开的政府环境信息的形式要求。

第十七条　对政府环境信息公开申请，环保部门应当根据下列情况分别作出答复：

（一）申请公开的信息属于公开范围的，应当告知申请人获取该政府环境信息的方式和途径；

（二）申请公开的信息属于不予公开范围的，应当告知申请人该政府环境信息不予公开并说明理由；

（三）依法不属于本部门公开或者该政府环境信息不存在的，应当告知申请人；对于能够确定该政府环境信息的公开机关的，应当告知申请人该行政机关的名称和联系方式；

（四）申请内容不明确的，应当告知申请人更改、补充申请。

第十八条　环保部门应当在收到申请之日起15个工作日内予以答复；不能在15个工作日内作出答复的，经政府环境信息公开工作机构负责人同意，可以适当延长答复期限，并书面告知申请人，延长答复的期限最长不得超过15个工作日。

第三章　企业环境信息公开

第十九条　国家鼓励企业自愿公开下列企业环境信息：

（一）企业环境保护方针、年度环境保护目标及成效；

（二）企业年度资源消耗总量；

（三）企业环保投资和环境技术开发情况；

（四）企业排放污染物种类、数量、浓度和去向；

（五）企业环保设施的建设和运行情况；

（六）企业在生产过程中产生的废物的处理、处置情况，废弃产品的回收、综合利用情况；

（七）与环保部门签订的改善环境行为的自愿协议；

（八）企业履行社会责任的情况；

（九）企业自愿公开的其他环境信息。

第二十条　列入本办法第十一条第一款第（十三）项名单的企业，应当向社会公开下列信息：

（一）企业名称、地址、法定代表人；

（二）主要污染物的名称、排放方式、排放浓度和总量、超标、超总量情况；

（三）企业环保设施的建设和运行情况；

（四）环境污染事故应急预案。

企业不得以保守商业秘密为借口，拒绝公开前款所列的环境信息。

第二十一条　依照本办法第二十条规定向社会公开环境信息的企业，应当在环保部门公布名单后 30 日内，在所在地主要媒体上公布其环境信息，并将向社会公开的环境信息报所在地环保部门备案。

环保部门有权对企业公布的环境信息进行核查。

第二十二条　依照本办法第十九条规定自愿公开环境信息的企业，可以将其环境信息通过媒体、互联网等方式，或者通过公布企业年度环境报告的形式向社会公开。

第二十三条　对自愿公开企业环境行为信息、且模范遵守环保法律法规的企业，环保部门可以给予下列奖励：

（一）在当地主要媒体公开表彰；

（二）依照国家有关规定优先安排环保专项资金项目；

（三）依照国家有关规定优先推荐清洁生产示范项目或者其他国家提供资金补助的示范项目；

（四）国家规定的其他奖励措施。

第四章 监督与责任

第二十四条 环保部门应当建立健全政府环境信息公开工作考核制度、社会评议制度和责任追究制度，定期对政府环境信息公开工作进行考核、评议。

第二十五条 环保部门应当在每年3月31日前公布本部门的政府环境信息公开工作年度报告。

政府环境信息公开工作年度报告应当包括下列内容：

（一）环保部门主动公开政府环境信息的情况；

（二）环保部门依申请公开政府环境信息和不予公开政府环境信息的情况；

（三）因政府环境信息公开申请行政复议、提起行政诉讼的情况；

（四）政府环境信息公开工作存在的主要问题及改进情况；

（五）其他需要报告的事项。

第二十六条 公民、法人和其他组织认为环保部门不依法履行政府环境信息公开义务的，可以向上级环保部门举报。收到举报的环保部门应当督促下级环保部门依法履行政府环境信息公开义务。

公民、法人和其他组织认为环保部门在政府环境信息公开工作中的具体行政行为侵犯其合法权益的，可以依法申请行政复议或者提起行政诉讼。

第二十七条 环保部门违反本办法规定，有下列情形之一的，上一级环保部门应当责令其改正；情节严重的，对负有直接责任的主管人员和其他直接责任人员依法给予行政处分：

（一）不依法履行政府环境信息公开义务的；

（二）不及时更新政府环境信息内容、政府环境信息公开指南和政府环境信息公开目录的；

（三）在公开政府环境信息过程中违反规定收取费用的；

（四）通过其他组织、个人以有偿服务方式提供政府环境信息的；

（五）公开不应当公开的政府环境信息的；

（六）违反本办法规定的其他行为。

第二十八条　违反本办法第二十条规定，污染物排放超过国家或者地方排放标准，或者污染物排放总量超过地方人民政府核定的排放总量控制指标的污染严重的企业，不公布或者未按规定要求公布污染物排放情况的，由县级以上地方人民政府环保部门依据《中华人民共和国清洁生产促进法》的规定，处十万元以下罚款，并代为公布。

第五章　附　则

第二十九条　本办法自 2008 年 5 月 1 日起施行。

附录 14

中国证监会有关文件中对环保核查的规定

一、《首次公开发行股票并上市管理办法》

1. 第十一条　发行人的生产经营符合法律、行政法规和公司章程的规定，符合国家产业政策。

2. 第二十五条　发行人不得有下列情形：

……

（二）最近三十六个月内违反工商、税收、土地、环保、海关以及其他法律、行政法规，受到行政处罚，且情节严重。

3. 第四十条募集资金投资项目应当符合国家产业政策、投资管理、环境保护、土地管理以及其他法律、法规和规章的规定。

二、《上市公司证券发行管理办法》

1. 第九条　上市公司最近三十六个月内财务会计文件无虚假记载，且不存在下列重大违法行为：

……

（二）违反工商、税收、土地、环保、海关法律、行政法规或规章，受到行政处罚且情节严重，或者受到刑事处罚。

2. 第十条　上市公司募集资金的数额和使用应当符合下列规定：

……

（二）募集资金用途符合国家产业政策和有关环境保护、土地管理等法律和行政法规的规定。

3．第四十六条　中国证监会依照下列程序审核发行证券的申请：

……

（二）中国证监会受理后，对申请文件进行初审；环保部门的证明此时提供，紧接着是预披露环节。

三、《公开发行证券的公司信息披露内容与格式准则第9号——首次公开发行股票并上市申请文件》

第九章　其他文件

9-4　发行人生产经营和募集资金投资项目符合环境保护要求的证明文件（重污染行业的发行人需提供省级环保部门出具的证明文件）。

四、《公开发行证券的公司信息披露内容与格式准则第10号——上市公司公开发行证券申请文件》

第五章　关于本次证券发行募集资金运用的文件

5-1　募集资金投资项目的审批、核准或备案文件。

附录 15

关于加强上市公司社会责任承担工作暨发布
《上海证券交易所上市公司环境信息披露指引》的通知

各上市公司：

为倡导各上市积极承担社会责任，落实可持续发展及科学发展观，促进公司在关注自身及全体股东经济利益的同时，充分关注包括公司员工、债权人、客户、消费者及社区在内的利益相关者的共同利益，促进社会经济的可持续发展，现就本所上市公司社会责任承担工作做出如下要求：

一、各上市公司应增强作为社会成员的责任意识，在追求自身经济效益、保护股东利益的同时，重视公司对利益相关者、社会、环境保护、资源利用等方面的非商业贡献。公司应自觉将短期利益与长期利益相结合，将自身发展与社会全面均衡发展相结合，努力超越自我商业目标。

二、公司应根据所处行业及自身经营特点，形成符合本公司实际的社会责任战略规划及工作机制。公司的社会责任战略规划至少应当包括公司的商业伦理准则、员工保障计划及职业发展支持计划、合理利用资源及有效保护环境的技术投入及研发计划、社会发展资助计划以及对社会责任规划进行落实管理及监督的机制安排等内容。

三、本所鼓励公司根据《证券法》、《上市公司信息披露管理办法》的相关规定，及时披露公司在承担社会责任方面的特色做法及取得的成绩，并在披露公司年度报告的同时在本所网站上披露公司的年度社会责任报告。

四、公司可以在年度社会责任报告中披露每股社会贡献值，即在公司为股东创造的基本每股收益的基础上，增加公司年内为国家创造的税收、向员工支付的工资、向银行等债权人给付的借款利息、公司对外捐赠额等为其他利益相关者创造的价值额，并扣除公司因环境污染等造成的其他社会成本，计算形成的公司为社会创造的每股增值额，从而帮助社会公众更全面地了解公司为其股东、员工、客户、债权人、社区以及整个社会所创造的真正价值。

五、公司可以根据自身特点拟定年度社会责任报告的具体内容，但报告至少应当包括如下方面：

（一）公司在促进社会可持续发展方面的工作，例如对员工健康及安全的保护、对所在社区的保护及支持、对产品质量的把关等；

（二）公司在促进环境及生态可持续发展方面的工作，例如如何防止并减少污染环境、如何保护水资源及能源、如何保证所在区域的适合居住性，以及如何保护并提高所在区域的生物多样性等；

（三）公司在促进经济可持续发展方面的工作，例如如何通过其产品及服务为客户创造价值、如何为员工创造更好的工作机会及未来发展、如何为其股东带来更高的经济回报等。

六、公司申请披露年度社会责任报告的，应向本所提交以下文件：

（一）公告文稿；

（二）公司董事会关于审议通过年度社会责任报告的决议；

（三）公司监事会关于审核同意年度社会责任报告的决议；

（四）本所认为必要的其他文件。

七、对重视社会责任承担工作，并能积极披露社会责任报告的公司，本所将优先考虑其入选上证公司治理板块，并相应简化对其临时公告的审核工作。

八、本所根据市场发展需要，适时制定公司社会责任承担的具体信息披露指引。

九、根据国家环保总局于 2008 年 2 月发布的《关于加强上市公司环境保护监督管理工作的指导意见》及《环境信息公开办法（试行)》要求，现制定并发布《上海证券交易所上市公司环境信息披露指引》，见附件，请遵照执行。

上海证券交易所

二〇〇八年五月十四日

附录 16

上海证券交易所上市公司环境信息披露指引

为贯彻落实《国务院关于落实科学发展观 加强环境保护的决定》（国发[2005]39 号）关于企业应当公开环境信息的要求，引导上市公司积极履行保护环境的社会责任，促进上市公司重视并改进环境保护工作，加强对上市公司环境保护工作的社会监督，根据国家环保总局发布的《环境信息公开办法（试行）》（国家环保总局令第 35 号）以及《关于加强上市公司环境保护监督管理工作的指导意见》规定，现就上市公司环境信息披露的要求明确如下。

一、上市公司发生以下与环境保护相关的重大事件，且可能对其股票及衍生品种交易价格产生较大影响的，上市公司应当自该事件发生之日起两日内及时披露事件情况及对公司经营以及利益相关者可能产生的影响：

（一）公司有新、改、扩建具有重大环境影响的建设项目等重大投资行为的；

（二）公司因为环境违法违规被环保部门调查，或者受到重大行政处罚或刑事处罚，或被有关人民政府或者政府部门决定限期治理或者停产、搬迁、关闭的；

（三）公司由于环境问题涉及重大诉讼或者其主要资产被查封、扣押、冻结或者被抵押、质押的；

（四）公司被国家环保部门列入污染严重企业名单的；

（五）新公布的环境法律、法规、规章、行业政策可能对公司经营产生重大影响的；

（六）可能对上市公司证券及衍生品种交易价格产生较大影响的其他有关环境保护的重大事件。

二、上市公司可以根据自身需要，在公司年度社会责任报告中披露或单独披露如下环境信息：

（一）公司环境保护方针、年度环境保护目标及成效；

（二）公司年度资源消耗总量；

（三）公司环保投资和环境技术开发情况；

（四）公司排放污染物种类、数量、浓度和去向；

（五）公司环保设施的建设和运行情况；

（六）公司在生产过程中产生的废物的处理、处置情况，废弃产品的回收、综合利用情况；

（七）与环保部门签订的改善环境行为的自愿协议；

（八）公司受到环保部门奖励的情况；

（九）企业自愿公开的其他环境信息。

对从事火力发电、钢铁、水泥、电解铝、矿产开发等对环境影响较大行业的公司，应当披露前款第（一）至（七）项所列的环境信息，并应重点说明公司在环保投资和环境技术开发方面的工作情况。

三、被列入环保部门的污染严重企业名单的上市公司，应当在环保部门公布名单后两日内披露下列信息：

（一）公司污染物的名称、排放方式、排放浓度和总量、超标、超总量情况；

（二）公司环保设施的建设和运行情况；

（三）公司环境污染事故应急预案；

（四）公司为减少污染物排放所采取的措施及今后的工作安排。

上市公司不得以商业秘密为由，拒绝公开前款所列的环境信息。

四、上市公司申请披露前述环境信息时，应当向本所提交以下备查文件：

（一）公告文稿；

（二）关于具有重大环境影响的建设项目等重大投资行为的董事会决议（如涉及）；

（三）环保部门出具的处罚决定书或相关文件（如涉及）；

（四）主要资产被查封、扣押、冻结或者被抵押、质押的证明文件（如涉及）；

（五）其他可能涉及的证明文件。

五、根据相关环境保护法律法规，公司必须履行的责任及承担的义务，且符合《企业会计准则》中预计负债确认条件的，公司应当披露已经在财务报告中计提的相关预计负债的金额。

六、依据本指引第三条自愿披露的信息，公司可以仅在本所网站上披露。依据本指引其他规定应当披露的信息，公司必须在证监会指定报刊及网站上同时披露。

七、对不能按规定要求，及时、准确、完整地披露相关环境信息的，本所将视其情节轻重，对公司及相关责任人员采取必要的惩戒措施。

八、本指引自发布之日起施行。

上海证券交易所
二〇〇八年五月十四日